江苏省传统建筑和园林营造技艺传承工程重点项目

江苏传统营造大师谈

江苏省住房和城乡建设厅
江苏省城乡发展研究中心　主编
江苏传统建筑研究中心

中国建筑工业出版社

图书在版编目 (CIP) 数据

江苏传统营造大师谈 / 江苏省住房和城乡建设厅，
江苏省城乡发展研究中心，江苏传统建筑研究中心主编 .
—北京：中国建筑工业出版社，2019.11
ISBN 978-7-112-24482-9

Ⅰ.①江…　Ⅱ.①江…　②江…　③江…　Ⅲ.①建筑史
—研究—中国—现代　Ⅳ.①TU-092.7

中国版本图书馆 CIP 数据核字（2019）第 266008 号

责任编辑：宋　凯　张智芊
责任校对：张惠零

江苏传统营造大师谈

江苏省住房和城乡建设厅
江苏省城乡发展研究中心　主编
江苏传统建筑研究中心

*

中国建筑工业出版社出版、发行（北京海淀三里河路 9 号）

各地新华书店、建筑书店经销

逸品书装设计制版

北京雅昌艺术印刷有限公司印刷

*

开本：787×1092 毫米　1/16　印张：16　字数：321 千字
2019 年 12 月第一版　　2019 年 12 月第一次印刷
定价：**98.00** 元
ISBN 978-7-112-24482-9
（34847）

建筑文化是中华优秀传统文化的重要组成部分。推动建筑文化的创造性转化和创新性发展，"让我们的城市建筑更好地体现地域特征、民族特色和时代风貌"，有助于"传承和创新优秀传统文化，凝聚伟大民族精神，为实现民族复兴提供正确的精神指引和强大的精神动力"，是城乡建设高质量发展、为人民创造美好生活的必然要求。

中共中央办公厅、国务院办公厅在印发的《关于实施中华优秀传统文化传承发展工程的意见》中指出，要"挖掘整理传统建筑文化，鼓励建筑设计继承创新，推进城市修补、生态修复工作，延续城市文脉"。

江苏历史悠久，人文荟萃，拥有丰富多元、特色鲜明的地域传统建筑文化，以香山帮为代表的江苏传统营造技艺更是世界非物质文化遗产。这些都是祖先留给我们的宝贵财富，也是今天建筑设计和建造的创作源泉。加强传统建筑文化研究，推动建筑文化传承与创新发展，是贯彻落实习近平新时代中国特色社会主义思想，树立文化自信，推动城乡建设高质量发展的重要内容。

近年来，江苏高度重视传统建筑文化保护传承工作，2017年，省委办公厅、省政府办公厅印发了《江苏省实施中华优秀传统文化传承发展工程工作方案》，将"传统建筑和园林营造技艺传承工程"列为系列工程之一。江苏省住房和城乡建设厅印发了《关于实施传统建筑和园林营造技艺传承工程的意见》，组织开展江苏传统营造技艺的抢救性记录、系统化研究、数字化平台搭建和人才实训基地建设等系列工作，为促进传统建筑文化的保护传承和当代创新，提高历史文化名城名镇名村的保护水平，提升城乡空间品质和文化特色，起到了重要的支撑作用。

本书围绕江苏传统营造技艺的历史传承、文化价值与当代活化利用主题，通过对22位院士专家、建筑设计大师、传统营造技艺非物质文化遗产传承人和优秀匠师的访谈实录，以多维的视角展示大师们对江苏传统营造和建筑文化的理解诠释，展现江苏传统建筑文化发展脉络和文化精髓。

希望本书能为当代建筑设计汲取传统营造智慧，"吸收传统建筑的语言，让每个城市都有自己独特的建筑个性，让中国建筑长一张'中国脸'"提供参考借鉴，并通过文化传播，提升整个社会对地域传统建筑文化的关注与认知。

目录

文化传承重在『传神』

——程泰宁

图片来源：程恺摄

作者简介：

程泰宁，中国工程院院士，中国工程设计大师，江苏省首批资深设计大师，中国第三代建筑大师群的代表人物之一。现任东南大学建筑设计与理论研究中心主任，中联筑境建筑设计主持人。

程泰宁院士长期致力于中国现代建筑发展道路的探索，在设计中注重现代建筑理念和东方文化的结合，其"立足此时、立足此地、立足自己"的创作主张以及富于原创精神的作品得到了国内外建筑界的认同和积极评价，曾主持和参与150多个建筑设计项目。作品获得全国优秀设计奖4项，获省部级特等奖、一等奖14项，本人荣获梁思成建筑奖、建筑创作成就奖。代表作包括加纳国家大剧院、南京博物院二期、浙江美术馆、杭州铁路新客站等。

| 绍兴鲁迅纪念馆（虽仍沿用了传统的水院、窄巷，但处理手法更自由，特别是一层部分采用黑色的金属构件廊架，玻璃使之与大面积的"粉墙黛瓦"形成鲜明对比，形成视觉冲击，令人印象深刻[1]）

图片来源：程泰宁提供

顺应自然、富有书卷气，这是江苏传统建筑文化的两大特点

江苏传统建筑文化有两个最显著的特点：一个是顺应自然，一个是富有书卷气。和整个江南一样，江苏的传统建筑往往把周边的山水与建筑作为一个整体来考虑，将建筑作为在周边万物中生长出来的东西来看待，尊重生命与自然，强调结构的自然生成。江南的很多民居形体是不规则的，它是根据场地功能和构造自然生成的，但最后呈现出的视觉效果自然而有层次感，完全不浮华喧嚣，这就是江苏建筑文化最大的特点。其次是书卷气。江南传统建筑比较清新，受士大夫文化的影响比较深，跟北京的宫廷文化和上海的十里洋场不一样，从美学上来讲更重视含蓄和文化内涵，有一种书卷气，体现文人的审美追求和意趣。

传统建筑文化既需物质保护、更需精神传承

传承有两个层面：一是比较具体的，如传统的技术和工艺、传统古建筑的结构和形态等，这是可视的物质层面；二是无形的精神层面，即传统文化蕴含的精神内涵。物质层面的保护和传承是必需的，但精神层面的传承更为重要。这可能是我与别人观点不一致的地方。

第一，要以动态的观念来看待传统建筑。现在讲的传承主要是指有形的传承，包括传统技艺、传统建筑形式、元素等。但是这些有形的东西往往随着时代变化在不断改变，除了宫殿和比较大的庙宇在形制上相对固定外，民间建筑一直在变。我母亲的娘家，也就是现在的甘熙故居，我小时候经常去玩。今天再去看修复后的甘熙故居就感觉和我记忆中不同。但据我的长辈说，其实我小时候看到的已经不是甘熙故居原来的模样了。可见，即使是这类建筑群也是不断地在变化发展的。据我所知，苏州园林在不同的历史时期也有很多变化。因此，要以一种动态的观点来考虑这个问题，要以动态和变化的思维去了解传统，探讨工艺或形式的真正内涵。

第二，要注重传统建造的当代创新。比如我们的传统建筑都是木结构的，而现代建筑很多是钢结构。和木结构相比，钢结构有很多优势，如弹性大、建造比较快等等。目前除了少数特殊的建筑以外，可能都不太用木结构了。所以，我觉得对传统工艺有形的这一部分，应该搜集、保护，这是祖先的一种智慧，可以在今天的建筑设计和建造的创新方面有一些借鉴。但是，对于传统建筑文化、传统建造技艺的传承和保护，不能过于拘泥于某一座建筑，某一个时期的东西，某一种传统技法，而要在传统的基础上进行创新应用。所谓的形式问题，人们经常说要有中国特色、中国味道，但是什么是中国特色呢，是北京故宫，还是苏州园林？甚至有人在雄安新区设计徽派建

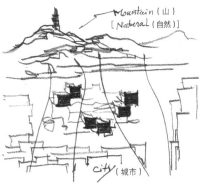

筑，认为这是中国元素。这些都太拘泥于形式了。对传统的东西，比如说空间，应该是从造型中提炼一种精神，空间序列中有中国味的层次和变化，而不只是停留在徽派建筑、浙江民居、苏州园林、北方四合院的某一种形式上。

第三，注重传承工匠精神。我很赞成现在倡导匠人精神、工匠精神。我小时候听过一个故事，说四川有一个人，年轻时候跟他爸爸去做石匠。他立志要悬在山崖上雕一尊很大的佛像，于是每天用绳子从山顶上吊下一块木板站在上面工作，从年轻一直做到很老。就在雕塑快要完成的那天，他雕佛像鼻子的时候，不知道是因为太激动、太紧张了，还是年龄大了、手上力气不够了，结果一不小心把鼻子上面碰掉了一块，他一下脸色大变，自己拿斧头砍断绳索跳下悬崖了。我不知道是不是真的，但其中蕴含的工匠精神，那种一辈子只专注做一件事情、做到完美的精神，给了我极大的震撼，至今忘不了。现在宣传工匠精神，非常必要。社会这么浮躁，许多现代建筑外表

| 杭州黄龙饭店（借鉴中国绘画中的"留白"概念，通过"留白"的互相渗透，使建筑成为城市与环境视觉中介[1]）

图片来源：程泰宁提供

 盐城中国海盐博物馆
手绘图

图片来源：程泰宁提供

看起来不错，仔细看看却是非常粗糙。比如建筑内部刷漆一般要求刷四遍到五遍，但是经常只刷一遍，结果没两年就掉漆了。很多我们设计师想做的，在具体建造过程中却做不出来，或做出来很粗糙，最大的问题是工匠精神的缺失。过去的很多建筑规模宏大，但是雕琢特别细致，都是匠人一锤一锤做出来的。现在大力弘扬传统文化，就需要传承传统建造中的这种工匠精神，来解决现实面临的问题。

当代建筑设计体现传统文化要追求"传神"

我一直对中国传统的文化，包括建筑文化、诗词、音乐、绘画、园艺非常感兴趣，而且是由衷地喜欢。很多建筑师朋友都知道，我愿意做中国的东西，但我对中国东西该怎么做，跟

很多人不太一样。现在"新中式"很热，但对于什么是"新中式"？仅仅做个坡屋顶、做个回廊或者加点传统园林就算是"新中式"了？张锦秋院士在西安做了几组新唐风建筑，传承中有创新，从大的比例到细部都很到位，并且和城市的历史、环境很融合，我很欣赏，当然，不是在所有的地方都适合做这样的建筑。

当代设计要注重建筑与环境的和谐融入。我对固定的样式和元素不太注重，因为材料发生变化后，形式和风格就会发生变化。而且，社会发展至今，工艺水平已经很高，还继续沿用传统技术是不可行的，但可以汲取传统建筑中的精神。我希望建筑在体现传统美学空间特点和美学趣味的同时，可以呈现现代的发展，特别是 21 世纪以来的发展。所以，我认为传统建筑文化的传承应该是一种冯友兰先生讲的"抽象继承"。例如，传统文化中"天人合一"的观念，追求一种"虽为人造，宛若天开"的境界。注重对环境、人跟建筑关系的考量，使建筑和谐地融入环境。做浙江美术馆的设计时，我想从三点体现中国文化精神：第一是考虑建筑周边的环境，建筑主体背山面水，符合传统中国建筑观念，造型向西湖跌落，融山水环境之中，"浑然天成"，这就是一种"自然"的境界；第二是把传统屋顶形式和现代钢雕塑的造型特征结合起来，再加上黑白灰的色彩组合，体现了江南传统地域建筑文化特色，但又与传统建

盐城中国海盐博物馆（通过海盐结晶体的演绎，旋转的晶体与层层跌落的台基相结合，就像一个个晶体自由地洒落在串场河沿岸的滩涂上[1]）

图片来源：程泰宁提供

筑形式完全不同；第三是在空间序列的设计上，我在建筑的入口方向设计了一个水苑，虽然看似不同于传统建筑布局的方式，但通过形态、色彩和空间感，表达了中国文化的意境。

对于南京博物院的设计，也是首先考虑环境，重视其历史环境和建筑环境。就历史环境来说，南京博物院是 20 世纪 30 年代开始做的，梁思成先生牵头，杨廷宝先生也曾参与，一直到 1952 年，最终由刘敦桢先生继续设计建造完成。三位大师先后参与设计，这个历史，我认为是非常了不起的。所以作为后人要尊重，要敬畏。建筑环境方面，博物院的主体建筑是一座辽代风格的建筑，气势宏大，但是现在的建筑比中山东路要低，人进去参观时，要往下走。我查阅了很多资料，没有找到当初为什么设计得比中山东路低的原因。我推测可能是当时的地形图不准或者道路不断抬高所致。因为在中国传统建筑中，只有墓道是下沉的。出于对传统的尊重，我们最终决定把地基抬升 3 米，既不遮挡建筑背后的钟山，又把过去想做的、想表达的气势更好地表达出来。而对于新馆的设计，我认为不同年代的建筑一方面要保持气质的协调性，另一方面又要体现现代性，让人一看就知道这是一座现代的建筑。因此，我从二三十个备选方案中最终选出的方案，是采用铜和近似宣纸色彩的石材，建筑立面和细部取材自竹筒、青铜器以及花窗格，

| 浙江美术馆（屋顶提取江南传统建筑坡顶意象，表面应用现代的钢、玻璃和传统的石材，使得建筑既有传统水墨画和江南的审美韵味，也有现代雕塑感[1]）

图片来源：程泰宁提供

具有和老大殿相同的气质，但新建筑的语言形式又与老大殿完全不同，它是属于 21 世纪的。

传统建筑文化的传承要追求神似而非形似。传统建筑文化是一种精神，一种气质，一种调性，特别是建筑与环境的整体性。很多国外设计师来到中国，为了突出自己，有的建筑师说"就是要切断历史"，有的提出"我为什么要跟旁边的建筑协调"？但是中国文化就是讲究天人合一，是一个"合"的理念。我们说某个建筑好或者不好，首先要看它是否能保持城市空间风貌的整体性，体现中国文化"合"的精神。这对中国建筑师来说，最重要。

南京博物院 1（保持原有建筑群的中轴线不变，将加建面积放在老建筑地下[1]）

图片来源：程泰宁提供

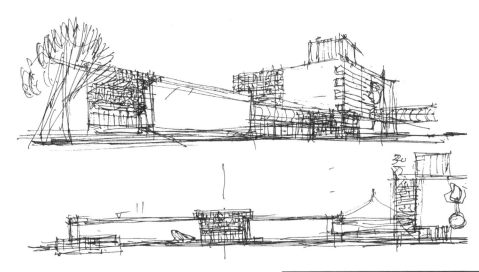

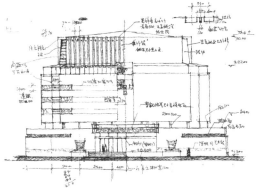

| 南京博物院手绘图

　图片来源：程泰宁提供

| 南京博物院2（在对南京博物院的设计中，对原有的历史建筑予以保留而不破坏建筑
　群整体的场所氛围[1]）

　图片来源：程泰宁提供

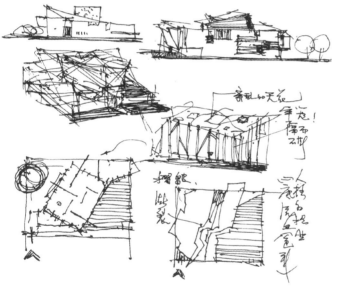

四川建川博物馆·战俘馆外景
图片来源：程泰宁提供

四川建川博物馆·战俘馆手绘
图（在设计过程中，从有形到
无形，将形式的创作设计融
入对意境审美的营造之中[1]）
图片来源：程泰宁提供

传统建筑文化的传承要注重工匠精神培育和中国传统文化教育

第一，注重工匠精神培育。应当在建筑示范企业中强调工匠精神传承。如今鲜有人、有企业愿意一生做好一件事并做到极致。过去的很多建筑各方面都体现出精致和周到，而现在这样的建筑不多，完成度不高，这就是缺乏工匠精神所致。因此，必须提倡工匠精神，将工匠精神融入到工作态度和工作精神中去。

第二，注重中国传统文化教育。对传统文化理解不透，

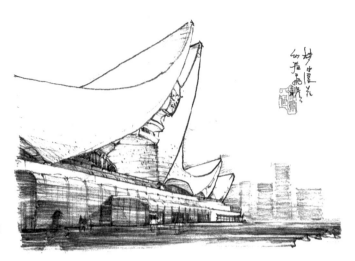

青岛红岛火车站手绘图
图片来源：程泰宁提供

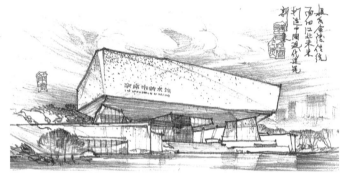

南京美术馆手绘图
图片来源：程泰宁提供

何以谈继承。时下热议的"建筑自信"需要建立在"文化自觉"的基础上，而"文化自觉"，其中最重要的一点是中国人必须真正懂得中国传统文化，知道如何通过继承、传播、创新，建构中国现代文化。只有真正懂得传统文化，而不只是民粹主义，才能避免"跑偏"。

第三，要有一种气魄。融通中外，不断创新，是工匠精神的真谛，这样才能产生真正的哲匠、大匠。

习近平总书记提出的"中国梦"，作为建筑师，我非常赞成。但"中国梦"需要有踏实和追求完美的工匠精神才能实现。我建议，不仅在江苏，全国都要注重工匠精神培育和传统文化教育。

传统文化的"源流脉态"

『源流脉态』

王建国

作者简介：

　　王建国，中国工程院院士，教育部"长江学者奖励计划特聘教授"，国家杰出青年基金获得者，中国建筑学会副理事长、中国城市规划学会副理事长，江苏省首批设计大师，东南大学教授、博士生导师。

　　王建国院士长期从事城市设计和建筑学领域的科研、教学和工程实践，并取得系列创新成果。成果曾获教育部自然科学奖一等奖，教育部科技进步奖一、二等奖，华夏建设科技进步一等奖等。先后在北京、上海、广州、南京、杭州等 40 多个城市完成了百余项城市和建筑设计，工程项目获全国优秀建筑设计和规划设计一、二等奖 9 项，中国建筑创作金、银奖各 1 项，国际奖多项。

从"源、流、脉、态"四个方面认知传统建筑文化

总体而言，建筑文化是一个有生命、有生长演化进程的人类社会与自然环境长期互动交融的产物。文化是活的、流淌的，所以不能以简单物化的方式去理解它。我认为，建筑文化主要有四个特征：源、流、脉、态。

第一是"源"，"源"指文化的起源，它与文化缘起的原点、初始传播所在的原乡和文化构成组织的原型密切相关。

第二是"流"，一方面指的是文化从过去到现在、再到未来的传承积淀，及所谓的"静水流深"；另一方面指的是文化在同时期向周边的地区传播，以及在与周围地区交往过程中的交流。

第三是"脉"，也就是脉络，是"源"与"流"的总合。建筑文化需要在社会文化整体脉络中来理解，有时候某一种文化类别只有跟另外几种文化类别在一起并存比较才存在，亦即地域建筑文化具有多元性的特点。比如，中国各地的民居建筑就既有中华文化的根基，又有因地域气候、地形地貌、物产条件和生活习俗的不同。脉还有开枝散叶的意思，所谓的"一脉相传""源远流长"就是这个意思。

第四个是"态"，就是"姿态"和"表现形态"，也就是建筑文化的呈现，被人们感知和认知到的物化或者社会化的客体。我们在建筑营造和城镇规划设计的时候，不仅仅是用效果图、简单理性的分析图来建构最后的成果。某种意义上讲，是具有时间维度、历史梯度、新陈代谢的文化呈现。应该展现过去、今天到未来的延续，通过建筑及所承载的文化内涵反映当下我们面向未来的言语姿态。有了这样的深层思考，我们设计的东西才能做得更好。

传统营造技艺是在特定地理土壤中孕育的文化

江苏既有本土文化的养育，又受周边不同文化圈的影响，文化内涵丰富且构成多元。江苏二字是由江宁和苏州这两座城市名称的第一个字构成的，江苏文化最有代表的主要还是在长江以南的区域。如果我们从世界的角度来认知江苏文化，大概也是以长江以南以及长江流域为主。从国外一些旅行家、探险家、学者的论述以及当时的地图呈现出来的情况看，他们对江苏的认知主要是来源于南京、苏州、扬州这样的文化代表地，这些地方早已在世界上占有一席之地。俗话说"一方水土养一方人，"我们今天所说的传统工艺、技艺的传承，不仅仅是在谈论建筑，更是传承在漫长的历史时期中，一个特定地理土壤中孕育出来的文化。

《幻方》书籍封面

图片来源：王建国提供

2004 年以来，国家每年的一号文件都与农村相关。在城镇化快速发展的大背景下，如何调整、协调城乡关系已经成为国家顶层关注的一个重要问题。城镇化本身会对地域性的建筑文化产生很大的冲击，但如果我们从文化传承和文化积淀的角度看，丰富多样的工匠技艺、建造传统大都滥觞和存在于民间乡野。历史上城镇化进程便比较缓慢，20 世纪初，全世界的城镇化人口还没有超过 20%。其实，城市和城镇大多最初也是从乡村、乡镇生长演化而来，并有着同根同源、脉络相连的关系。

关注时间积淀所形成的时间梯度

我们今天讲的乡愁其实就是人们对失去某种铭刻在心的集体记忆场景氛围的一种担忧，是一种找不到心灵寄托的感觉。城市的发展，乃至城乡的发展，是一个既有传承、又有扬弃的新陈代谢的历史过程。我一直认为，在今天的城市发展和城市设计中，应该特别注意对不同历史阶段中形成的代表性城镇格局、肌理和建筑精华的保护，注意时间积淀所形成的梯度，并让人们能够认知和感到这种历史积淀和有序演替。城市应该是一个琳琅满目的博物馆，每个年代、每个时期建筑精华的历史见证都可以在时间梯度的"文化层"上找到合理存在，这样的城乡环境才是我们真正需要的。

建筑文化通常呈现为城市有机体在向未来演化过程中某个时间节点的状态，因此，城市历史文化的保护和当代的建筑设计关键就是要通过挖掘、整理、凝练、传承、扬弃和创造，来传承和发展地域建筑文化。

传统技艺的研究需要重视区划、文化线路和方言价值

最有特色的、文化积淀得最深厚的东西不是普适性的，一定是在特定的时空范围内的反复锻造，是经年累月的沉积。越是限定于某个范围，特色和特点也就越鲜明。

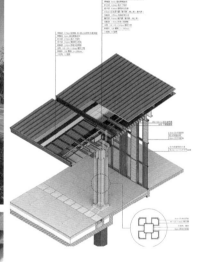

牛首山景区游客中心建筑设计

图片来源：王建国提供

研究工匠的传统也好、技艺也好，有几件事情比较重要：一是要画地图，也就是要划区、划片。这个区是文化缘起、孕育、成长和成熟的地区；二是要研究文化线路，文化不是固化在某一个区域存在的，它在这个区划内对外有辐射和交流轨迹，如大运河与南北文化交融的关系、新安江水系与徽州建筑文化的关系等；三是方言语系，比如苏州"香山帮"传统优秀建筑工艺是用苏州话来传承和传播的，"香山帮"匠人的技艺传承明显具有在地性的特征和特点，我们在做设计的时候要注意寻找区划位置、挖掘地方特色，方言也是一个参考，有匠人独特传承技艺的俗语，也有它存在的价值。

对在地性文化的挖掘、研究和传承是
当代建筑教育的使命

　　建筑教育正在向国际化、开放化和信息化发展。对建筑师和规划师的培养，我一直比较坚持的理念是博雅（Liberal arts），即将精英式的经典建筑教育与全球化的通识教育相结合。对在地性文化的挖掘、研究和传承，是当代建筑教育必须要重视和让大家理解认识的重要内容。

| 2010 年王建国院士在意大利维罗纳现场教学

图片来源：王建国提供

现在，国内外的优秀建筑院校有关建筑与在地性文化结合的选题越来越多。在城市设计类的国际联合教学中，命题往往会选择城市当中的边界模糊、文化多样、社会人群活动复杂及定义不清的地段，来引发同学对城市历史文化包括社区活力再生的深层思考。

所有人为干预过的场地都有前世今生，做设计必然要关注历史的研究，挖掘可能已经沧海桑田的文化和场所环境营造途径，然后分析和诊断现在的问题是什么，研究今天我们用什么方法去传承、扬弃和再生，实现最终的"华丽转身"或"凤凰涅槃"。设计的过程其实都包含对文化的理解，文化已经在整体上渗透在我们今天的建筑教育中。

建筑保护最先要做的是挖掘和抢救

根据多年工程实践的经验，现代城镇建设中，我认为最先要做的就是挖掘和抢救具有标识文化和场所特点的载体，"应保尽保"。把挖掘抢救出来的东西进行梳理之后，建立一个永久保存的档案信息库。因此，建立综合性的，既包括物质的，也包括无形和非物质性的建筑文化遗产信息库和档案非常重要而关键。

在档案信息库建立起来之后，就可以来做一些梳理，以及类型、特征和区划等的研究，这个研究需要探讨在我们城乡环境已经发生很大变化的情况下，传统工艺在多大程度上还能适用，或者经改良后可以用于今天的建设。传统技艺是在当时的条件下形成的，我们一定要看到传统技艺不是所有都是好的或科学的。比如，过去砌的墙没有保温措施，过去的屋顶局限于当时的工艺条件、材料、构造，时间久了之后很容易漏雨。例如，我们在泰州做乡村调查的时候，发现有些乡村传统建筑的屋顶和屋脊形式特别漂亮。我就问村民，现在是不是还可以继续这样做，老百姓却说不行，因为原来的屋顶屋脊处漏雨问题解决不了。

事实上，用今天的一些科学技术和现代工艺是可以解决传统建造中这些问题的，既可保存原有的历史建筑形态，又能让传统民居获得宜居的舒适性，这是一个对传统建筑文化传承加扬弃的过程。我们结合科技部"十二五"科技支撑计划项目在宜兴丁蜀古南街保护改造实践中就是这么做的，后来与此相关的成果获得了华夏建设科技进步奖一等奖。

合理的薪资和体制保障是传统营造匠人生存的前提

文化传承跟经济发展、科技发展最大的不同就是要向历史回望，是相对"后顾"

宜兴丁蜀古南街保护改造设计

图片来源：王建国提供

的东西，而科技创新、技术发展却更需要"前瞻"。我始终愿意把城市看作是一个有机体。文化传承的过程是鲜活的，你不能单一地去讲保护，这时候要从经济上兼顾它，守住文化的源头、流向和脉络的基本，历史的纵深感自然就有了。

当前，传统营造技术传承形势严峻的原因首先是重视不够。现在是一个市场经济导向的社会，如果这些拥有特殊技能的工匠，能有一个合理的收益，甚至高于社会平均劳动者的收益水平，就可以解决基本的生存保障和主动传承的问题。有了合理的薪资制度或体制保障，他们包括他们的后代才可能继续从事这个行业。这一点，日本、德国和瑞士一些国家做得比较好。

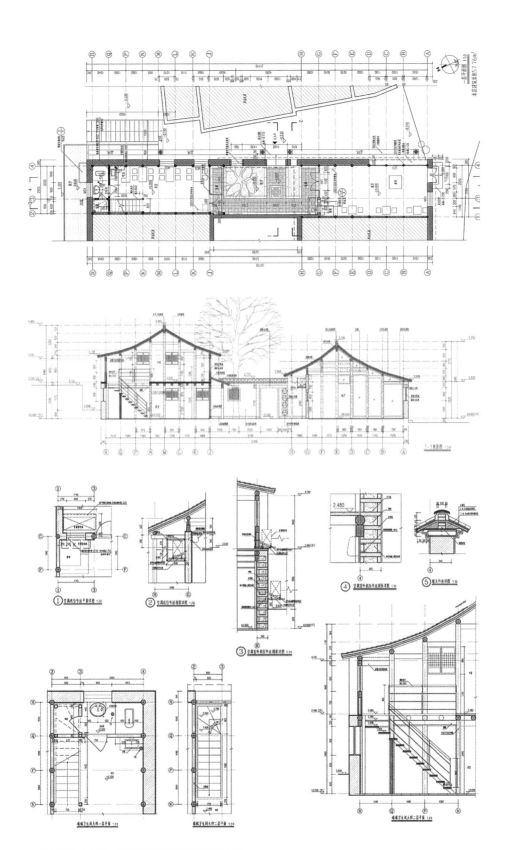

宜兴丁蜀古南街一号地块保护改造施工图和大样

图片来源：王建国提供

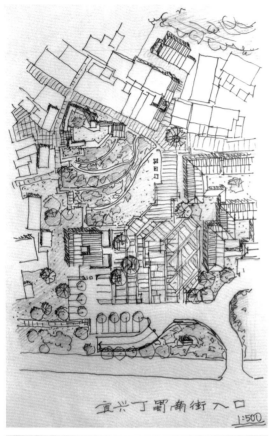

乡村规划、乡村建筑设计不可能都由城市和高校院所的专业人员去做，一定要有当地的乡民后裔传承接手，后继有人。我曾经在江苏省政协提过相关的提案，建议政府应该给乡镇配备相应的设计人员编制，有合理的薪酬水平才可以让他们像乡村教师、医生一样能够体面地生活和创造。当地的规划设计和工匠制度加入文化传承，就会有利于把当地传统建筑文化和技艺中最优秀的东西保护起来，并传承久远，这对实施国家乡村振兴战略具有战略性的重要意义。

| 宜兴丁蜀古南街手绘平面图
　图片来源：王建国提供

| 南京江宁钱家渡乡建案例

图片来源：王建国提供

传统技艺传承要体现当代性

叶菊华

图片来源：程恺摄．

作者简介：

叶菊华，江苏省首批设计大师，南京华科建筑设计顾问有限公司技术顾问，曾任南京市建委总工程师，师承建筑史学家刘敦桢院士。

叶菊华大师长期从事古建筑研究和修复工作，1959年年末，参与了刘敦桢主持的整修工程南京瞻园规划设计及施工现场监督全过程；1985年年初，由南京市政府指派至现场蹲点，主持夫子庙—秦淮风光带风景名胜区重建和复建工程规划设计，是该项目技术把关第一人，至今已30余年。

江苏古建园林的特点：自然精巧、布局灵活、尺度宜人

江苏的传统建筑和古典园林，其建造艺术及建筑风格都是独树一帜的，且在世界园林建造史上占有很重要的地位，对日本等周边国家乃至整个亚洲地区的园林艺术有深远影响，至18世纪后期，其影响传播至西欧，在英国也形成自然式的园林风格。

江苏传统建筑和园林的主要特点是自然精巧、布局灵活、尺度宜人。尤其是做工非常精美，包括园林空间的处理、假山的堆叠等。江苏传统建筑和园林一是与自然紧密联系，比如苏州太湖周边山清水秀，自然环境优越，成为营造的良好基底。二是跟江苏经济发达相关，江苏手工业、丝织品和建筑业在历史上就是非常出色的，为营造活动的开展奠定了良好的经济基础。三是江苏因手工业发达而产生众多能工巧匠，为传统建筑和园林营造提供了技艺精湛的工匠。四是江苏文人众多，明清两代在江南贡院共考出112个状元，江苏占58个，超过1/2。很多苏州籍、南京籍的文人和官员，他们有回到家乡造园的意识，传统建筑和园林体现了他们的精神追求和审美取向。五是江苏物产丰富，为营造活动提供了丰富的材料，比如苏州既产出天然的太湖石，还有当地的泥可烧制成专供皇室使用的御窑金砖。

传统建筑的修复要实现创造性转化

我记得在2014年孔子诞辰2565年的时候，习近平总书记说的一句话很有价值，就是"要坚持古为今用、以古鉴今，坚持有鉴别的对待、有扬弃的继承，而不能搞厚古薄今、以古非今，努力实现传统文化的创造性转化、创新性发展，使之与现实文化相融相通，共同服务以文化人的时代任务"。

比如，夫子庙保护、更新、改造和重建过程中，不同建筑采用的技艺不同。夫

江南文枢夫子庙修复工程之棂星门、大成殿

图片来源：龚文新摄

子庙本身的大成门（棂星门）、大成殿、东西两屋，这一组古建筑群的修复设计是由潘谷西先生领衔，由古建设计师根据潘先生给的尺寸画的图纸共同设计。寺庙是按照庙的样式来做的，而不是按苏州园林的样式去做。具体的过程也是潘谷西先生主持，由匠师具体完成。实际中，力图使风格、结构以及整个梁架的形式与性质全部按照传统来做，但也会根据现代的需求做一些改变，比如防火和持久性方面。过去的庙已经夷成平地，重建时还是用木结构做，包括斗拱的梁以上的部分，但使用了钢筋混凝土新材料做柱子和梁。夫子庙是1986年建好的，到现在是32年了，基本完好。传统建筑应该要实现转换、创新和体现现代文化内涵，否则就会停滞不前，没有发展进步了。

倚虹亭　　海棠春坞　　　　　绣绮亭　　　　枇杷园　　　　　　　　远香堂

拙政园手绘剖面图
图片来源：叶菊华提供

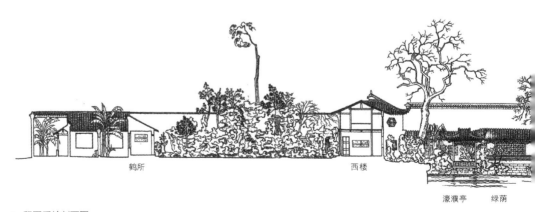

鹤所　　　　　　　　　　　西楼　　　　　　　　　　濠濮亭　绿荫

留园手绘剖面图
图片来源：叶菊华提供

"工业化"可以成为传统建造活化传承的路径

我记得苏州蒯祥古建园林工程有限公司的负责人叫杨根兴，他是木工出身，现在60多岁，30来岁的时候在夫子庙施工。他本身有一定的文化程度，当时是中层干部，工程管理得很到位。他近年在老家光福镇建了一个5000平方米的工厂，用数控机床把木方子加工成木料，采用机械化的方式生产某些构件。比如通过电脑控制，将木料放进机床，生产出木雕、砖雕。当时已有四五家施工单位采用他们公司生产的雕花产品。我觉得这种传统建造的工业化是其发展的一条路径，能够在降低成本造价的同时，提高传统建造技艺的精细化水平。

但工业化生产的前提是不能影响传统建筑的风格，也就

倚玉轩　　　　小飞虹　　　　香洲　　　　　澂观楼　　　　　玉兰堂　　　　别有洞天

明瑟楼　　涵碧山房　　　　　　闻木樨香轩　　　　　　　　舒啸亭

是说人工和工业化的生产方式，最后实现的目标是一致的。工业化的方式用以实现人工雕琢的技艺，但仍需要人工把图案画出来，然后输进电脑，通过数控机床雕刻出来。我们那个时候画图要求很高，比如测绘图中的树必须绘制冬景，细致的程度是要通过树干和树枝能判断出树种。画多了以后我们也就有了经验，比如青桐分权的地方都有一个树瘤，银杏则愈老愈显雄壮，树干的密度大，桂花也能通过树皮判断。新与旧、传统与现代的材料也可以综合应用，以体现和表达传统建筑的风格和形式。比如这个工厂办公建筑窗户全是钢木组合起来的，内部夹心是钢和玻璃，外面两侧是传统的雕花隔窗，价格虽然比较昂贵，但是在形式上表现了传统，质量也非常好。

图纸画得再好也还需要专业的工匠实施完成

我 1959 年毕业后分配到国立南京大学中国古建研究室，当时研究室正好受南京市委的委托修缮瞻园。刘敦桢先生带领我们设计和画图纸，请苏州的工人来施工。苏州工人的修缮技艺虽然与本地的有点不一样，但区别不太大。开始时修的建筑很少，主要是假山、水池等，影响不大。

刘先生认为要保留园子的独特味道，首要是维持其原有的山水空间格局。他强调要遵循"以石取胜"的原则，所以比较关注假山。园子北面原来就有山，南面的山是新堆出来的，用以遮挡围墙以外的东西。刘先生在假山上花了很多心力，他

| 南假山（瞻园山石假山众多，保留了"园以石胜"的特色）
图片来源：龚文新摄

| 北假山
图片来源：龚文新摄

| 静妙堂（为三开间附前廊的硬山建筑，室内以隔扇划厅，东西山墙均开小窗，南北皆为落地隔扇门[1]）

图片来源：龚文新摄

在研究过《芥子园画谱》后亲自设计。但考虑假山的施工相比房子更复杂，无法按照图纸标注按尺寸施工，他就做出模型，让师傅照模型来堆叠假山。起初很难做，请了苏州非常有名的韩家父子来堆叠，但他还是不怎么满意。后来，朱有玠先生推荐了本地的一个师傅来堆叠假山，刘先生就跟本地的师傅讲假山该怎么堆，介绍模型。师傅一边堆，刘先生在一边现场指挥。他差不多每个星期都会去一两次工地，查看假山堆叠的情况，对石头的选择、石头堆叠的方位以及纹理对应都非常讲究。后来假山堆叠完毕，刘先生非常满意。刘先生对工匠非常敬佩、重视和信任，说图纸画得再好，如果不是专业的工匠来堆石、造房子，那也造不好。

1965年瞻园开始修第二期，我被刘先生调回来，全程参与设计画图。其中，静妙堂里面的内装修改造中要加一道隔扇，图是我画的，请苏州工人来施工。我印象中是由一个个子不高的朱师傅制作的。那个时候他50岁左右，现在可能不在了。他加工六扇窗，平均一个月做一扇，一共做了半年。他先将隔扇的很多小的花饰加工好，编好号，然后像小积木似的一个个排起来、组装好。当时在制作的过程中让儿子在旁观摩学习，培养他接自己的班。至于他的儿子，现在应该60多岁了，是不是在干这一行我就不知道了。

我认为建筑师和建造师应该学一点传统建造方面的知识。其实我们在学校里也学了，本科阶段只需要掌握基础知识，知道有这一项传统技艺就可以，因为毕业以后不一定从事这项工作。而研究生、博士生阶段可以专攻某一项，因为毕业后将按照研究方向从事某一方面的工作。学习传统技艺方面的知识，一定要知道它的构造及原理，包括斗拱如何做，如何互相穿插，也必须去动手，比如去做一个简单的门窗，知道花格子是怎么做出来的。

历史建筑修缮需要按照法律规范分类施策

我一直参加文物管理局文物处的一些工作，南京文物修缮的单位大大小小有很多。文物是分等级的，在南京历史建筑和不可移动的历史建筑不一样。如果是定为不可移动的历史建筑，它则被视同文物，要按照文物法来修缮。文物不论是国保单位还是区保单位，都要用原来的材料。比如寺庙，都是木头的梁架，腐烂后不可以用钢筋混凝土来代替，必须还用木头。材料要用原来的，技艺也不能变，不可以用钉子。可以局部更换，有的构架已经很糟糕，可以用钢管先架起来，然后再换柱子，换了以后整个架子还支在那个地方，不允许落架。然后可以换窗子，整个构架弄好了以后，上面的该换就换。外面的砖墙不起承重作用，重新砌的时候也一定要按照原来的工艺。原

六角湖心亭平面图和秭生亭手绘图

图片来源：叶菊华提供

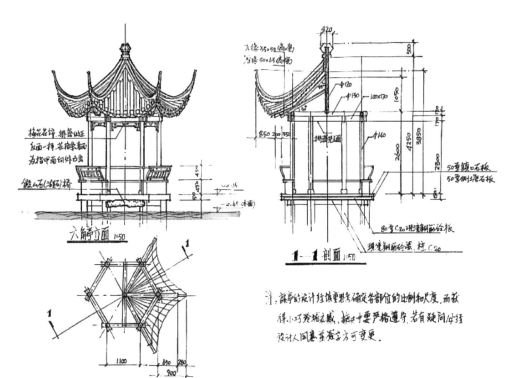

来的工艺没有水泥，就不能用水泥砂浆，一定是用可逆性的材料来砌。外墙涂料以前用纸筋灰，现在还是提倡用纸筋灰，不用乳胶漆这些涂料，也不允许用水泥砂浆打底，必须保证用原材料、原工艺把它修起来。

如果是历史建筑就归规划局的名城处来管，需要画了图纸以后经专家评审后才能修。历史建筑只要外观保持原状就可以了。现在我们的做法就是，如果外墙有粉刷的，把粉刷弄掉以后包起来，然后用水泥砂浆封起来，里面的墙皮不动。内墙用钢丝网加固，然后再重新粉刷，使安全度提高。这种建筑外观保持原貌就可以，可以用新的材料和新的工艺，内部装修可以变化，也可以把中间的隔墙去掉，更新为茶室或者咖啡厅。但是要保证结构的安全，只能拆掉轻质隔墙，不能拆承重墙，不能改变结构。

在整个修复工作中，设计的过程很重要。在设计过程中了解现状是关键。因为这个房子已经存在了，吊顶、楼板也已经在那里了，没办法去了解楼板里面是不是腐烂，木头的梁架是什么样。因为要维修，必要的时候可以打掉一块，这样有助于参考原有的梁架情况，了解清楚板、瓦、楼板的样子和材料。摸清它的现状后，安全检测也非常重要，需要明确它是A

明志楼（为重建的建筑，按原地、原布局、原规模、原建筑形式恢复原貌[2]）

图片来源：龚文新摄

级、B级、C级、D级中的哪一级。C级、D级房屋是险房，要进行安全鉴定，分析其安全度，有没有加固需要。如需进行加固，一般采用可逆性材料。此外，为防止工人不按照设计做，要求设计人员必须经常到工地，发现偏差及时纠正，一定要保证它的原汁原味。

传统营造技艺的传承关键在人

当前传统营造技艺的活化传承面临的关键问题是：第一，传统营造技艺后继乏人。我住在老城南周边，现在在修老门东，所以经常接触施工队伍。苏州蒯祥古建园林工程有限公司有个很能干的师傅，现在已经50多岁，是一个木工，掌握了电脑设计，可以在电脑上画非常漂亮的图，如木梁、木构架以及雕化。他现在画的这些图，完全是自己画的。我们的大学生毕业以后在设计院工作的画不出来，苏州园林设计院的估计也画不出来。这个师傅和另一个古建队的总经理都说，传统营造技艺后继无人，等他们这群五六十岁的人退了以后没人传承，以后想修复一个院子也没有人能做了。

要解决这个问题，我认为，一是可以开办培训班或者学校，让社会上愿意来报名的人员都可以去学习。二是可以学习日本修缮项目传承技艺的做法，如日本一座寺庙每20年翻建一次，通过翻建，让另一批工人从头到尾学会全套的技术，让技艺不失传。三是可以学习苏州公司从比较穷苦的地方招人培训技术的方法，培养传承人可以不局限于苏州当地的年轻人，而是面向全国，尤其是比较偏远和穷苦地方的能吃苦、愿意学的年轻人，为他们提供一条生存之路。以此，通过各种方式扩大工匠的队伍。

第二，招投标制度的问题。传统建筑修复或古建项目应该是单独的类别，工期比较长，人工费用比较高，不太适合招投标这种机制。低价中标会使工匠精神的延续或者说高质量的精益求精要求难以实现。撇开施工队伍来讲，这也是对建筑本身的不负责任，文物保护单位修得走了样或不到位，过了若干年又要重修。我认为文物修缮可以采用议标的形式，就是召集几家意向施工单位来议标，方案好且报价又符合要求的中标。

要做好江苏省传统营造技艺传承这项工作，我认为可以从以下三个方面入手加以推动：

一是在江苏全省范围开展针对工匠群体的调查。目前全省有常熟、无锡、扬州、苏州等多支古建队，可以调查了解不同地区、城市的工匠水平、队伍规模、工程承接、影响力等。

| 沧浪亭

图片来源：苏州市园林和绿化管理局
提供

| 沧浪亭横剖面、仰视平面、立面手
绘图

图片来源：刘敦桢.苏州古典园林 [M].
北京：中国建筑工业出版社，2005

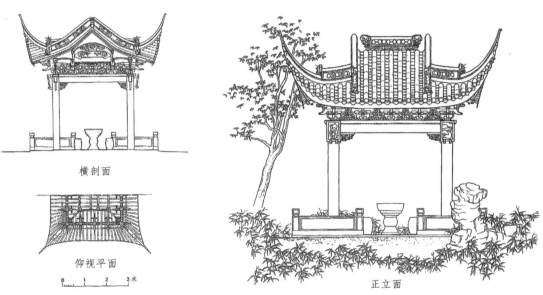

横剖面

仰视平面

0 1 2 3米

正立面

　　二是加强古建队伍之间的交流学习。现在不同队伍之间
竞争激烈，也缺少技艺和做法的交流。我觉得政府可以牵头来
做这个事情，定期组织他们开展交流，共同提高，如让不同队
伍可以相互参观对方施工的工地等。

　　三是组织不同城市的古建队伍整理技术方面的文字资料。
以前工匠交流没有文字，都是靠歌谣唱出来的。工匠手艺就
用歌的方式一代代传下来，做一扇门、一扇窗都有自己的歌
谣。现在传统营造技艺靠人传承，在越来越少的人从事这方面
工作的趋势下，没有文字资料可能会让技艺失传。文字资料可
以把目前工匠传承的技艺和做法进行系统的整理，包括一些图

| 怡园入口院景

　　图片来源：刘敦桢. 苏
州古典园林 [M]. 北京：
中国建筑工业出版社，
2005

| 怡园园景鸟瞰手绘图

　　图片来源：刘敦桢. 苏
州古典园林 [M]. 北京：
中国建筑工业出版社，
2005

片、做过的项目、用的材料、工匠的做法。我的老师张镛森先
生是苏州人，他抗战前整理出来，并于 1959 年出版的《营造
法原》，到现在还是很有价值的。当然，古建队伍整理的材料
不一定要正式出书，但整理的东西要做得很细，算出工日、用
料，就跟定额一样。

现代营造要汲取传统建筑文化的精髓

统建筑文化的精髓

杜顺宝

作者简介：

杜顺宝，江苏省首批设计大师，东南大学教授，博士生导师，主要从事风景园林规划设计及教学。

杜顺宝大师 1962 年毕业于南京工学院（东南大学），后跟随刘敦桢先生从事苏州园林的研究，参与编撰《江南园林图录：庭院》。1978 年，攻读潘谷西先生在职研究生。1986 年创办东南大学风景园林专业，后筹建东南大学城市规划设计研究院。30 年来主要从事风景名胜区规划设计和历史文化遗产与传统建筑保护工作。主持了安徽安庆谯楼、南京太平天国历史博物馆等遗产保护项目，以及南京狮子山阅江楼、泰州望海楼等历史建筑重建设计等项目。

因地制宜、顺应自然的设计理念是传统建筑文化的精髓

江苏在历史上是文化发达、经济富饶的省份，传统建筑和园林在国内占据重要地位。全省现存的文物保护单位很多，虽然历史遗存在数量上很难与山西等省份相比，但是拥有苏州园林、南京明孝陵等世界文化遗产，更拥有大量的园林，在全世界都产生了深远的影响。

从严格意义上讲，传统建筑是指从秦朝末期到西方文明传入中国以前这个阶段的建筑，主要有两大类：一类是官式的，一类是民间的。很多民居都体现了民间匠人独特的智慧和劳动。江苏或者说中国传统建筑最鲜明的特色主要体现在：一是技艺具体。古代的传统建筑由匠人匠师负责从设计到营造再到施工的全过程。建造技艺是师父一代一代通过言传身教教出来的，是发展的，但是发展有局限。过去很多设计项目都是由匠人自己完成，其中的佼佼者成为设计者，大批匠人是施工者。现在不一样，设计与施工是不同的队伍，设计由学校进行教育培养，未必懂得施工。二是注重风水。传统建筑很多关键性、理论性的东西都蕴含于风水之中，风水是很复杂的东西，有科学的合理的部分，也有后来附加的迷信成分。古代要做一个项目，由甲方提出设想或者目标，风水师确定选址，匠师设计空间，然后由匠人来完成。实际上，现在的建筑理论已经远远高于古代的认识，风水可以研究，但不可以照搬，即使用也要按现在科学的理论观念来用。

民间传统建筑的设计理念主要有：第一，因地制宜、顺应自然。做任何建筑设计都是顺应自然，不是强行去做，因时制宜、因事制宜，根据年代和社会阶段的不同，随着事物的变化，相应地调整变化。第二，就地取材、务实致用。建筑所用的材料都是就近取材，建造的房子都是务实地满足生活上、工作上的需要，不会在其他不需要的地方花很多精力。第三，融入美好愿望。在建筑设计中，会结合一些元素、雕刻或者处理方式，表达对生活平安、吉利、财运等的美好愿望。第四，追求诗意栖居。每个人都有对诗意栖居的追求，根据条件差异，有钱人家造园林，老百姓造庭院，没有庭院在房子前摆两盆花也行。

从文化角度来讲，建筑的传统性体现在：第一，讲究方位、等级、次序。例如，老百姓盖的房子不能超过三间，梁架不能超过五架，长幼尊卑要按次序，居中为尊。如皇宫建在北京城的中轴线上，故宫居中，左祖右庙，祖庙和祭坛在布局、空间、视觉或者功能上是均衡的。吴良镛提出，南京中华门东边已经有了白鹭洲、夫子庙，现在西边修一个胡家花园，两边不平衡，把凤凰台修起来，一边有凤凰台和胡家花园，一边有白鹭洲和夫子庙，这样就均衡了。中国的建筑文化讲求居中为尊，左右均衡，主次分明。第二，注重整体的平衡。整个城市的发展形态跟大自然是一种非常和谐的

| 沧浪亭

图片来源：苏州市园林绿化和管理局提供

| 沧浪亭剖面手绘图

图片来源：刘敦桢. 苏州古典园林 [M]. 北京：中国建筑工业出版社，2005

| 拥翠山庄剖面手绘图

图片来源：刘敦桢. 苏州古典园林 [M]. 北京：中国建筑工业出版社，2005

关系。建筑群跟周边的环境也是和谐的，周边如果有房子和水塘，这个建筑群的布置跟这个水塘就要求有一个整体上的平衡与和谐。另外，建筑与建筑之间也是和谐的，这个和谐不是相同，而是两个不同的东西摆在一起相辅相成，追求和而不同的境界。第三，善于吸收外来文化。中华文明在全世界是相对稳定的文化体系，所以中国的建筑发展也是在传承中创新的，通过海上、陆上交通交流把国外的文化吸引来，充实并丰富自身文化，也就是汉化。这种创新是渐变式的，不是革命式的变化。

今天的建造要从传统建筑理念和技艺中汲取营养

今天的建筑设计和建造要从中国传统建筑文化和传统建造技艺中汲取营养。从传统建筑来讲，关键在于理念和技艺两个方面。理念部分有很多合理的东西是需要我们继承的，特别是民间设计的理念，比如说因地制宜、顺应自然，就地取材、务实致用。现代交通便捷，就地取材可能不适用了，但可以实现务实致用，因为你还有对某一种生活状态的追求。理念讲起

安徽全椒县贺橹楼

图片来源：杜顺宝提供

重庆鸿恩阁

图片来源：杜顺宝提供

现代营造要汲取传统建筑文化的精髓

来有很多原则性的东西，虽然很难做到，但坚持做，就有利于提高中国城市建筑设计水平。现在很多东西不是因地制宜来的，不是顺应自然来的，都是人为求奇求怪，或者受到其他观念的干扰而来。

泰州望海楼（完全按照宋代法式营造）

图片来源：杜顺宝提供

在继承传统建造技艺上可能有一定的局限性。传统技艺部分大多只能用在现在遗产保护以及文物的维修上面，因为传统技艺是木结构，现在木结构极少，而且都是人工合成、加工处理的木材，跟过去原木做的建筑是完全不一样的。所以，更多的是要从理念上，从思想观念上，从对建筑的本质看法上汲取传统建筑文化的精髓。

我主持的如阅江楼、望海楼等历史名胜建筑的重建等项目，都是历史上存在过，只是根据现在的生活需要、现在的环境把它做得更好、更大，将它的文化意义传承下来。我的做法是尽可能地把它做成非常地道的传统建筑，做符合古代规矩的东西。首先要确定重建什么时期风格的建筑，然后就要按那个时期的风格和规矩来做。阅江楼应该是明代初年风格，而那个时候明代的风格和做法还未形成，实际上是继承了元代的风格和做法，所以我们按照这个思路进行设计。但是重建后的建筑

南京阅江楼（没有使
用传统的木结构，而
是由现代的钢筋混凝
土结构来代替，但做
出的是木质结构的感
觉）

图片来源：杜顺宝提供

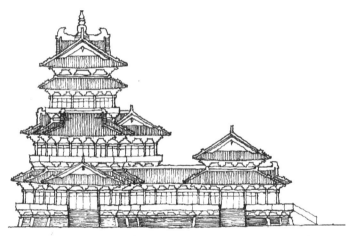

阅江楼方案二南立面
手绘图

图片来源：杜顺宝提供

又是现在的建筑，体量、规模与过去都大不一样。我们的城市
变了，过去南京都是一两层的小房子，现在全是高楼大厦。如
果把阅江楼建成跟古代一样的小楼，就会非常不显眼或者起不
到什么作用。所以我把阅江楼的体量适当地放大，以适应当前
城市建设的特点。其次是解决安全问题，虽然追求一种外观
上、形式上或者文化意义上的传统建筑，但为了保障安全性，
便运用了钢筋混凝土的结构和现代的技艺与材料来做。

建筑有其延续的过程，不是固定的形态

在历史建筑的修复过程中，保障其安全性是关键，包括
结构安全和消防安全。传统材料如果不行的话，可以考虑一些

新材料。但是变通的方法不能影响遗产本身外在的性质或者外在的形态。现在我做的项目里面斗拱都简化了，简化以后通过螺栓保障牢固，漆上油漆后外表就看不出来了。中国的很多木结构老房子如果没有维修过很容易腐烂，木头承重过大也容易损毁，我认为可以考虑用一些材料代替，比如为了防火可以涂防火漆，但一定要是安全的。除此之外，传统建筑、遗产也是有现代功能的，不能作为一个展品摆在那里，要有一些配套设施。比如说这个地方变成一个图书馆或者是会议室，那么可能需要安装空调、灯，配备厕所等。当然变化的程度和方式要根据不同的保护等级来对待，特别严格的文物保护建筑是不允许

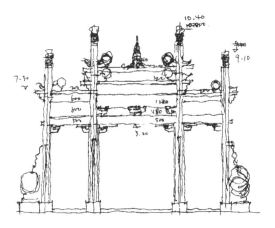

| 镇江中国米芾书法公园入口牌楼手绘图

图片来源：杜顺宝提供

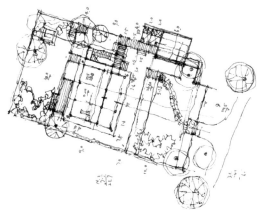

| 镇江南山琴馆手绘图

图片来源：杜顺宝提供

| 镇江云台阁龙吻手绘图

图片来源：杜顺宝提供

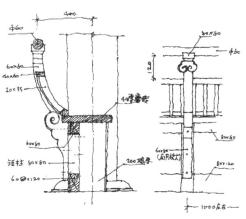

| 镇江云台阁手绘图

图片来源：杜顺宝提供

随便改动的。有一些历史名城、名镇、名村和传统村落风貌保护的项目，需要适应老百姓生活需求，考虑提升其功能性。我们要把建筑看作一个不断延续的过程，而不是固定的形态。

设计跟施工不可能搭配得非常好，设计的决策到施工的时候就会有变化，因为施工者的观念跟设计师不会完全合拍。像西方对维修历史建筑有一个可读性的理论，就是说这座建筑从唐代到明代、清代，再到近代有什么变化，都要把它保存下来，就像小说一样是可读的。但是有的人不相信这个，施工的时候就会出现偏差。实际上要完全体现设计的意图，需要设计者与施工者经过讨论，达成共识，然后检查督促，才能让施工做得更好。

传统营造技艺需要系统梳理，培养专业人才

当前传统营造技艺活化传承面临的关键问题是：第一，缺乏系统梳理。香山帮祖师爷姚承祖，有一个技艺的归纳，后来被我们系的教授整理成一本书，叫《营造法原》，系统地总结了香山帮匠人的技艺。但这些技艺是苏州或者其附近这一带的。我们建筑学院做过一些民居调查，但也只局限于建筑这一块，仅有平面、剖面和一些照片，没有总结过技艺。鉴于此，现在研究传统营造技艺，除了梳理香山帮技艺以外，还要梳理如无锡等苏南地区和苏北地区独具特色的营造技艺。应该讲，中国传统民间建筑有非常多宝贵的东西，现在都还没有完全总

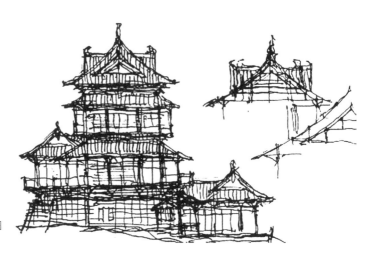

镇江云台阁立面手绘图
图片来源：杜顺宝提供

结出来，江苏做这项工作是很有意义的，希望能够作为示范推广到其他地区。

第二，匠人越来越少。工地上真正能做这方面工作的人都是50岁以上，年轻人不愿意做，因为场地环境差，待遇低，地位也不高，很多老师傅的技艺都是由他们的子女在传承，所以技术人才的培养是一个关键问题。我建议要把传统营造技艺看作一种特殊的技艺，国家要加以扶持，政府和有关部门要加强引导，保护和重视营造技艺的传承。建议全省范围内专门成立机构来管理传统建造技艺的传承。如风景区管委会里也可以设一个部门，相应的跟上级部门能够有一个联系。传统营造技艺的研究学习现在分成两个部分：一个是设计部分，一个是营造部分。设计部分，现在我们学校有一个遗产保护专业，这个专业由于市场的原因不可能做得很大。遗产修复重建的市场跟建设市场相比，它还是很小的，但它又是很特殊的。应该从遗产保护这方面来培养，按照管理层次来培养从设计到执行政策，再到制订方案的人才，国家要加以扶持，毕业后安排适当的工作。这些人才在学校里主要要弄清楚中国建筑发展的历史，发展演变的规律。营造部分，应该从具体操作工人的层次来培养。目前，中国风景园林学会有时会为了工匠级别的晋升，组织一些基本的工匠培训，要有更高层次系统的培养还需专门有人愿意去做。政府及有关部门还应该致力于改变传统技艺的一些比较粗放的操作方法。可学习日本采用工业化的方式，用现代工具来做传统，甚至可以应用电脑，将东西做精做细，改善车间环境，以此吸引年轻人从事相关工作。

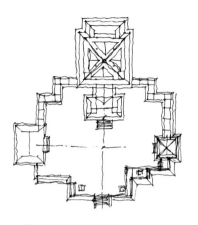

镇江云台阁平面手绘图

图片来源：杜顺宝提供

传统未静止
传承尚多维

——

韩冬青

图片来源：程恺摄

作者简介：

韩冬青，江苏省首批设计大师，东南大学建筑学院教授，博士生导师，国家一级注册建筑师，东南大学建筑设计研究院总建筑师，城市建筑工作室（UAL）主设计师，中国建筑学会常务理事，教育部建筑类专业教学指导委员会秘书长。

韩冬青大师长期从事建筑设计和城市设计的教学、科研与实践工作。主要研究领域包括建筑设计理论及其方法、城市设计理论与方法、地域建筑形态与类型等。主持设计的项目获中国建筑工程勘察设计协会优秀设计奖、教育部优秀设计奖、中国建筑学会建筑创作优秀设计奖、江苏省优秀设计奖等 20 余项，教学及科研成果曾获国家级教学成果一等奖、教育部自然科学奖、科技进步奖等多个奖项。

传统从来不是静止的

传统从来就没有一个静止的终结。传统技艺不是哪一天突然产生的，而是在时间的进程中逐步地发现、积累、改良，逐步地发展，逐步地形成一个相对完整的体系。因此，不应该僵化地看待这个问题。事实上，传统营造直到今天还在慢慢地演进和发展。有发展就一定会有变化，重要的是要理解和判断这其中哪些可以变，哪些是最重要的原则性的东西，不能随意改变。我认为，就传统营造技艺而言，那些有价值的理念、人文的传承往往更内在，但在技术上的确可以有更多现代的新东西加进去，进行新的组合或改进。这些新技术、新材料、新工艺并非是绝对替代性的，不是用所谓"现代"完全取代传统的积淀，而是传统营造技艺在当代的创造性转化和创新性发展，应当是更为多样性的。如果这些物质的和非物质的传统营造技艺能够活下来、传下去，以后说不定还会有新的认知、新的发现，进而创造出更多新的发展机会。

江南传统建筑外观质朴，细节精雅，体现了江苏最具影响力的传统建筑文化

江苏的建筑文化是多元的，苏南、苏中、苏北、沿海等地区，都有各自不同的特点。这些特色与地方气候、人文、经济发展都有很大的关系。传统建筑中体现了因地制宜的营建智慧，是人们追求美好人居环境的体现。

江苏影响力最大的可能是江南一带的传统建筑。江南传统建筑给人印象深刻的是外观质朴，细节精雅，通常人们用"粉墙黛瓦"这种色彩和材料的印象去表达它。

江南传统民居在空间上有自己的布局特点，另外还有与之相适应的建造技艺，这些建造技艺是传统文化很重要的组成部分。建造的技艺与地区气候、人文方面的特点所展现在空间形态上的类型特色相结合，再通过地方材料将建筑诠释出来，呈现出我们所看到的江南传统建筑完整的风貌特色。

城镇不断地更新、传承、累积，新建的房子未必全部使用新材料。这里就有传统的旧砖瓦如何重复利用的问题。而如苏州建筑的粉墙，也有很多技艺上面的东西可以挖掘。粉墙的做法与旧砖瓦的利用具有内在关系。这表面上看是一个维护构造和色彩的问题，但实际上它包含了建造过程中如何取材、如何用材，通过不同材料的使用，使得建筑有一个更好的展现，进而体现出江南的建筑文化特色的问题。

| 苏州水街
图片来源：韩冬青摄

传承的内涵是多方面的，但第一个重要任务是抢救性记录

抢救性和预防性的保护是首要的，这是传承的基础和前提。传统营造技艺本身既是物质的，也有大量的非物质文化如技艺、规则等在里面，这是中国传统建筑文化的一个特点。过去对技艺传承重视不够，所以现实生活中，传统技艺有些已经快要泯灭了，还有一些也面临失传的危险，而更令人痛心的是，有些非常宝贵的传统经验、智慧已经消失了。传统营造技艺并不全是以文字形式记录传承下来的，也有很多是心口相传，通过师徒相授的模式传承下来的。这是中国传统技艺面临的一个突出问题，就是"人"在技艺在，"人"不在技艺也不在了。所以，当下我们的第一个任务，就是把这些东西整理、记录下来，使得当代人或者后人至少能够触摸和认识到这个本土的传统体系。

传承的意义更在于启发当代的运用

对于这些采访、记录、调研收集下来的资料，不管是从人文还是技术层面，对于我们重新从理论上认识中国建筑的传统，都特别具有价值。这些一手材料经过专家学者的整理学习、系统研究，对于形成新的理论成果也非常有价值。对于这些东西的整理，是一个对过去的营造经验和智慧进行学习和诠释的过程。我们需要思考这些智慧在当代城镇文化方面的运用，在我们建筑创作中的运用，在城市和建筑环境运营、维护、管理中的运用。这些经验能够运用在实践中是非常有价值的，对我们今天也非常有启发。

传统营造技艺的当代利用方式应当是多维的

关于如何去运用这些传统的技艺，应该说是多种多样的：

一是直接利用。学习地方工艺的具体做法，与现代材料

井冈山笔架山景区索道站房
候车厅室内
图片来源：韩冬青摄

井冈山笔架山景区索道站房
图片来源：耿涛摄

结合运用，组合形成适合当代需求的建筑空间。比如，我在江西井冈山做的景区建筑，景区索道站房地形复杂且负载很大，它的技术、功能要求是新的，但又要跟这个地方的风景融合。所以我们当时就设计了一个钢筋混凝土框架体系与地方传统的木构架体系相结合的方案。建筑底部承载重荷载的是钢筋混凝土框架，但是跟人直接接触的部分，采用了传统的木构架穿斗式、小青瓦屋盖的做法。建筑师要做传统的木构架、小青瓦，肯定要学习地方工艺的具体做法，不同材料通过技艺组织起来，才形成所谓的建筑空间和形式。

二是逻辑转换。这些传统的构造法都有一种内在的逻辑性，这些逻辑性照样可以用在现代建筑里面，我们可以从传统技艺里发现很多"道理"来运用，就是将传统技法原理经过创造性的转换为现代所用。比如，我们做的金陵大报恩寺遗址博物馆中的"琉璃新塔"，并非是明代大报恩寺琉璃塔的复建，纯粹的复建并不符合古塔塔基及地宫遗址保护的要求，而

金陵大报恩寺遗址博物馆报恩新塔
图片来源：陈灏摄

以现在的琉璃制作技术再去复制一个明代的琉璃塔也不具备条件。那么这种时候，怎么去表现这个传统技艺，或是文化的特质呢？我们从中国古塔的结构形态入手，中国古塔是一层一层摞起来的。水平结构在垂直方向的累叠，形成一个耸立的高塔。所以它远看轮廓是竖向的，但是它的结构单元形态却是横向的，它有明层、暗层的交替累叠，并在轮廓上产生明显的收分。虽然这个新塔没有直接采用古代的砖石结构或木结构，而是转变成现代的钢格结构再加现代玻璃的做法，但是将建筑整体结构、比例、韵律、材料构造的关系、受力特征都表现出来。这是传统技艺的内涵经过技术和材料的转化而得到传承的一种努力和尝试。

三是意象发掘。不拘泥于具体细节，而是整体发现传统的意韵或者是意象，归纳到形、情、意、理这些层面上来。实际上就是把传统的具象转换到抽象的意向层面，然后再通过新的设计手法，展现出传统建筑文化的新意象。

金陵大报恩寺遗址博物馆塔顶对传统结构形态的传承与转化

图片来源：陈灏摄

传统技艺总是与我们自己的文化根源密切相连。所以，我觉得中国当代建筑师的确需要花时间学习这些东西。想要很好地运用，或是在此基础上的各种推陈出新，都必须理解过去这些传统的精华和本质，争取理解到位。至于说我们是直接用、经过转换用或是经过提炼用都可以，具体的运用策略、方法和结果，应该说是很多元的。

传统营造技艺传承的关键在于培养人才

在涉及传统营造技艺传承的许多工作中，会发现有很多地方变了味，这里面的具体问题很多。比较明显的一点，设计、施工中掌握这些传统技艺、传统规则的人太少。因为不懂，出了错也不知道。比如现在一些所谓的地方风貌景区，说起来都是传统风格，但细看之下，常常不对路子，各种不同渊源的传统样式、构件、色彩、要素、装饰符号乱用，官式体系和民间做法混搭，弄得啼笑皆非。

出现这些不如人意的现象，直接原因还是人才队伍的不足。这个人才不仅是指狭义的技艺传承人，也包括现在的建设队伍。一旦涉及古建筑施工，你只能想到苏州的"香山帮"、扬州的江都古建公司，还能想出来第五个、第十个队伍吗？我们设计师对于传统建筑技艺的知识也是严重匮乏，真正理解和掌握中国传统建筑的设计师太匮乏。退一步，如果不会做没关系，但你得知道这里面有文章、有手艺，自己不行，要知道去找懂的人，当然也要能找到懂的人。

现在，许多传统工匠的后辈都不愿意再去学这些技艺，这个里面的人才队伍脱节是非常危险的。我感到，传统技艺的传承应注重两个方面：

一方面，要把过去的传统技艺继承下来，一定要有人能够做传统中的东西，尤其是传统中的经典技艺，就好像传统戏剧的继承一定要学习经典剧目一样，我觉得这一点是非常重要的。过去我们以为，对待古建筑，可以把它当作物质遗产，严格保护起来就够了。但是传统建筑文化有很多是在建造过程当中的一种技艺规则，所谓"规矩"，有很多未见得有文字记录。我儿时曾见过盖房子的场面，木工师傅放样、弹线，师傅让徒弟先干什么，后干什么，这些东西在我们现在的专业制图里面都是没有的。但是对于传统技艺来讲，这些都是非常具体且重要的东西。曾经是心口相传的技艺就是要有具体的人来传承，当然，文献记录也同样重要。现在也有了更先进的各种数据信息技术可以使用。

另一方面，对传统技艺进行现代转化也极其必要。现代技术发展使得处理建筑材料的手段有可能比过去更科学，也多了很多新工具，在这种情况下，对新的加工技术、新的合成材料、新工艺的吸收，对技艺传承来说应该也是非常有价值的。

要提高社会对于传统营造文化价值的认知

像我们这些建筑师，比较多的是案头工作，不管你是写作还是画图，老是不下现场，你就谈不上对传统技艺的传承。培养这方面的设计人才，要去研究、学习传统工艺，就要去现场接触老工匠，深入一线很重要。

这里有一个社会整体认知的问题。不管是直接的传承传统营造技艺，还是用新工艺不断地来加入、来发展，最要紧的是让这种工作的价值被完整地认识，被大众所认知。现在很多传承人不愿意从事传统营造，原因在于传承人的价值没有被充分认识，缺乏荣誉感和成就感，除了辛苦，其价值没有被认可。我觉得在传承方法上要探索，但更重要的还是社会认知，大家都要认识其文化价值，而且觉得这个文化价值是跟每个人的生活密切相关的。科普和宣传工作应该努力让社会大众意识到传统营造是中国本土文化的重要组成部分。

应通过政校联合的方式培养人才，共同建设研究实践基地

针对传统工匠的培训，可以探索一种合作机制去培养人才。比如，某种技艺的传承基地跟政府职能部门、高校科研单位，形成一种联合的机制去做人才培养工作。而且应该要有系

东南大学建筑学院木构传承与演绎国际联合教学

图片来源：韩冬青提供

统性、长远性的打算，这样这个队伍才能成体系，然后在横向上把相关联的各工种联系起来，纵向上长期地培养累积下去，如此，成果就可以期待。

政府职能部门如果和大学或相关学术机构共同来建设一些传统技艺研究、培训基地，不论是对于大学本身的学科建设、传统营造技艺人才培养，还是未来人才的发展都将非常有利。

一个好的研究基地首先要有人才，要有队伍，要有好的学者。当然，这些人的擅长领域可以是多元的。没有人，这个基地就没有灵魂。其次要有规划，系统地考虑其工作目标和内容，谁来做，如何做，受益面在哪里，对这些内容和架构要进行很好的谋划。最后是需要投入。不管是培养人，还是做研究，环境条件要具备，比如场地、设备等，要使人来了之后可以工作，能容纳大家做事，包括对工艺的研究，知识的讨论学习，以及知识、制度、体系、规则的传播等。总之，这些都需要政府、社会、高校、市场等多方面力量的共同参与和努力。

让传统的建筑
影响当代的建造

朱光亚

图片来源：程恺摄

作者简介：

朱光亚，著名建筑遗产保护专家，江苏省设计大师，国家一级注册建筑师，住房和城乡建设部历史文化名城专家委员会专家，国家文物局专家组专家，东南大学建筑学院教授，东南大学建筑设计研究院有限公司建筑遗产保护研究院院长，《建筑遗产保护丛书》主编。

朱光亚大师长期从事建筑遗产保护及相关理论、技术体系的研究，传统建筑工艺抢救，传统建筑结构与构造机制，历史地带、名胜风景及遗址保护规划设计及再利用等的研究工作。

陆巷是苏州吴中东山镇的一个小村子，
因村中有六条直达太湖的巷弄而得名。
陆巷位于太湖边，背山面湖，是一个
明清厅堂建筑保存较为完好的古村落。
现尚保留着明代建筑数十处，清代建
筑则比比皆是。面积达上万平方米，
规模如此庞大、保存如此完好的古村
落在江南一带实属罕见。

图片来源：张晓鸣摄

江苏兼容并蓄的传统建筑文化特色构成了中国建筑"雅文化"

江苏建筑传统、建筑文化最大的特征是兼容并蓄。以太湖为中心的江南建筑是江苏建筑文化的核心部分，传统建筑可以用清、雅、精、巧、融五个字来概括它们的特色。长江、淮河贯穿江苏，古代还有一段时间，黄河也从江苏流过，与江淮文化互相影响构成了江苏建筑传统的基底。江苏建筑文化是以吴文化为核心、以江淮文化为基底的兼容并蓄，因此，是中国古代主流文化的一部分。

江苏文化不仅仅是一种地域文化，也是中国的主流文化。以建筑文化为例，如明代初年朱元璋营造南京城，形成了明代的建筑，到了永乐皇帝迁都北京，带去了十几万名工匠，带去了江南的文化，构成明代、清代官式建筑文化的一部分。由此可见，江苏建筑传统是主流文化的一部分，它构成了中国建筑雅文化的一部分，其中最精彩、最精髓、最精巧的部分都和江苏建筑文化传承密切相连。

提升中国城市建筑设计水平更需放眼世界，树立文化自信

2011 年到 2013 年，程泰宁院士率领一个团队受中国工程院委托开展了《当代中国建筑设计现状与发展》研究，这个课题历时三年时间，提出了改善中国当代建筑设计水平最重要的三个方面：第一个方面，面对全球化，面对当代的环境、能源等挑战，建筑创作应该有跨文化的思维，不能够局限于我们自己的本土文化，必须放眼世界，把东方和西方贯通起来一并考虑。第二个方面，建立民族文化的自觉和自信是提高建筑创作水平的思想基础。如果要跨文化，前提就是要有民族文化的自觉和自信，然后再进一步拓展。第三个方面，提高我们的建筑设计水平，要在政策的制定上与对策的实施上下功夫，这也是当代建筑发展的一个关键问题。如果没有跟我们民族文化自知、自觉、自信相匹配的制度文化，那么我们依然会停留在碎片化思维、权利决策、急功近利等问题上。

传统建筑的选材、特色和理念值得当代学习借鉴

今天的建筑设计和建造工艺可从中国传统建筑文化、传统建筑技艺中的三个方面汲取营养：第一个方面，要学习如何就地取材。传统建筑的基本特征是就地取材，根据建筑的不同等级、建造者的经济能力，选用地方材料来建造，尽可能降低造价。第二个方面，地域差异造就不同审美与特色。江苏省的民居中，苏北和苏南民居因为气候、地理环境、居民不同，产生了地方各具特点的民居和其他地方建筑。从审美的

角度来看，苏南民居具有清、雅、精、巧、融的特色，苏北民居具有浑厚、朴实、雄伟的特色，这些特色对我们当代建筑创作来说都有指导意义。第三个方面，当代建筑创作注重人与自然共生的理念。中国的哲学用李泽厚先生的话来概括，基本特征是实践理性，区别于西方的工具理性。我们不谈谁好谁坏，但是我们知道中国的实践理性精神是造就了几千年中国物质文化的基本方法。用人与自然共生这样的一个观点来指导我们当代的建筑创作，更具有普遍意义。

迎六支祠细部及梁架和敬修堂后楼（江苏的古建筑是中华民族的珍贵文化遗产。我们了解、研究江苏古建筑的目的是为了更好地保护古建筑，传承传统文化和传统营造技艺[1]）

图片来源：周岚，朱光亚，张鑑．乡愁的记忆：江苏村落遗产特色和价值研究 [M]．南京：东南大学出版社，2017

传统建筑文化在不同类型建筑中的传承与应用

我大学毕业以后，从 20 世纪 60 年代到现在这半个世纪，特别是到东南大学以后做的设计项目大概分为三种类型：第一种，文化遗产保护建筑。特别是对文物保护单位的保护有很明确的要求，就是不得改变原貌，必须或者尽量使用和继承原来的建筑材料、建筑工艺、形制和方法等。第二种，跟文化保护没有直接关系的建筑。一般在风景区、名胜古迹或者一些重要景点有审美要求，既可以采用传统营造技艺，也可以采用非传统营造技艺。第三种，文化建筑。如博物馆、纪念馆，以新的当代建造技术为基础的，提升建筑文化品质。对于我来说，在第一个设计类型中运用中国传统的建造技艺是必须做到的，但是有一定的困难，在第二个和第三个设计类型中面对的是另外一种困难，即抽象地从审美、文化、环境上来继承传统的建筑文化。

具体来说，对传统技艺的继承第一个就是材料和技艺，这方面很多建筑大师都有很出色的表现。比如说美国建筑师贝聿铭，他在做苏州博物馆的时候指定要建一座草顶的房子，并且希望建的是宋代的草顶。草在中国古代是最低廉的建筑材料，在古代江苏，无论苏北和苏南都有大量的草房。像普利兹克奖的获得者王澍老师，他设计的宁波博物馆大量使用了碎砖碎瓦，后来做的杭州的一家酒店使用了改良性的夯土。

对于文化遗产保护建筑的项目实践，必须按照传统的建

宁波博物馆（普利兹克奖得主王澍"新乡土主义"风格的代表作）

图片来源：李明摄

造技法做。对于跟文化保护没有直接关系的建筑的项目实践，应注重在宏观方法论上重点考虑它的环境定位与设计审美。我做的浙江上虞的大舜庙，当时由于开山挖了一个口，挖得像一个山的疮疤一样，非常难看。因为城市发展，这个山口进入到了城区，所以规划将这个地方改造为公园，并建一个建筑景点叫大舜庙。当时面对这个开得很难看、像疮疤一样的口，我们采取的第一个方法是修补它，第二个方法就是借助中国古代的环境知识或者通俗一点说风水，来寻找这个地方和周围大环境的关系，使这个景点很快被纳入到群山环抱的形制中去。所以改造之后，你就会发现新的轴线和周围的山都有很多的关系，建筑位置都比较靠近，建筑采用的是现代材料，建筑风格体现中国古代审美定位，展现荒蛮时期人类建筑的特点，非常粗犷。此外，在轴线的处理上，汉代以前和汉代以后有所不同，汉代以前在中轴线上出现很多柱子、图腾等。设计中这个景点借用了很多传统建筑文化的东西。对于文化建筑的项目实践接触的就更多了，任何一个有比较好的修养的建筑师都做了许多探索。

浙江上虞大舜庙（以朱光亚为首的专业团队曾十多次踏勘舜耕公园现场，提出了"天人合一、天人同构、古朴原始、大气粗犷"的设计理念和规划原则。建筑既与山体相契合，与群雕相融合，又与曹娥庙相呼应，形成了独特的建筑风格，深厚的文化底蕴与时代气息并存[2]）

图片来源：蒋德平摄

传统营造技艺的活化传承应着眼于未来

传统营造技艺的活化传承在当代具有重要意义，在 20 世纪 90 年代前就已经有人在做这个事情了。但现在对传统建筑技艺的重视跟过去是完全不同的，它不仅仅着眼于过去、着眼于继承，还着眼于发展、着眼于未来。经济全球化带动全球经济迅速发展，中国迅速成为第二大经济体，在这样一种新的形势下我们看到了中国和美国，还有其他的国家面临着共同的危机，即能源危机、环境危机、文化丧失。我们发现呼吁保护中国传统文化的不仅有中国人，还有西方的先进人士；呼吁保护非洲的不仅有非洲本土人士，还有包括中国、欧洲、美洲大量的先进人士。大家都有一个共同的立场，认为这是人类文明的资源，是人类共同的遗产。所以站在这样的一个角度上，如何应对未来的环境危机、能源危机，我们必须想尽办法寻找资源。而中国古代的建筑文化本身就强调了低碳、循环经济等特点，这些特点就必然会引起当代这些先进人士的重视。可见，今天我们重新研究传统建造技艺跟过去是很不同的，是立足于未来，是为了应对未来的挑战。

让传统的建筑影响当代的建造

从局部来看我们今天的建筑科学技术每天都有喜报，今天建最大的桥梁、明天盖最高的楼房，从技术上来说在个别的建筑上它的科技含量是非常高的。所以我们要想到今天的建筑体系有科学的一面，也有不科学的一面。所以应让传统的建筑体系来影响当代建造体系，使其得以完善和优化。并不是说有一个科学的框架，就把传统技艺放到框架里，而是在把传统技艺往这个框架里放的时候，会对科学框架本身提出要求，框架本身的毛病要调整。所以很多地方其实值得进一步探讨。

探寻传统营造技艺的活化传承方式和路径

活化传承的具体路径有三个方面：第一个方面，调查、梳理传统建筑文化、传统建筑工艺，并将其作为基础资料。第二个方面，整理、归纳、分析、实践。中国古代建筑文化是一个经验性的总结，我们要用科学手段来重新分析古代的经验方法。例如屠呦呦老师的青蒿素，她即是用现代的分析手段来提炼青蒿素，使之变成一种药品。我们也需要通过各种分析手段提升中国古代的建造技艺。第三个方面，中国的传统建造工艺对东亚、东南亚都具有一定的影响，因此要用全球化的眼光，从理念、关系和哲学层面上传承建筑文化和建造技艺。这不仅对建筑行业，对未来各个专业的发展都是有利的。

| 梁架、气窗、门楼

图片来源：周岚，朱光
亚，张鑑．乡愁的记忆：
江苏村落遗产特色和价
值研究 [M].南京：东南
大学出版社，2017

江苏很多匠师型人才的建造技艺令人记忆深刻

　　我记得大学刚毕业的时候，在大西北搞三线建设，搞工业建筑。当时我们建造简单的建筑时会请民工来建，钢筋混凝土、钢结构建筑会请现代的建筑工程公司来建。我们作为一个受过当代建筑设计、建造培训的工程技术人员，本能地相信现代建筑工程公司的建筑队伍水平高，实际上发现这些当地民工建造水平也很高，虽然他们砌墙砌不了那么快，某些方面比不过现代建筑工程公司有一个标准，建造材料来一个吊车一下吊上去了，但是这种操作可能是几千元至几万元的耗费，在当时这笔钱是不得了的。当地民工没有这个设备，他们也挣不了这个钱，但是他们有他们的办法，即采用人工方法。几吨重的东西从地上运到房顶上，我就看到吊装工人和木工他们都在干，将建筑材料放在地上一头用线吊上去，然后下面顶上面拉，然后再翻转，这些巧妙的办法都显示出了中国人的智慧。

20世纪90年代，我们在修缮南京宏觉寺塔的时候，施工队是六合的，有一个年轻的瓦工，当时需要建造的那个屋顶很陡，在这么陡的屋面上要把瓦都贴上去是很困难的。但是他的技艺很高，砂浆的配合比配得很好，砂浆就很黏。这样既解决了瓦的安装，同时又解决了抗渗漏的问题。还有我们苏州香山帮很多工程公司，他们这些人我觉得都很有智慧。香山帮的一个特点就是很会思考，给你画的图都不一样，有些比书上画的还要好。我们现在还是能找到几个。比如扬州传统技艺的传人潘德华先生，他本人是木工出身，他钻研并写了一本书叫《斗拱》，研究了斗拱各式各样的制作，我们学者都写不出来，但他写出来了。还有徐州的孙统义先生，他对工程的各种技艺都做了很多研究，现在已经担任中国矿业大学的老师来指导学生学习这些技艺。这些都是匠师型的人才。

还有我记得苏州有一个彩画师傅顾师傅，这都是濒临灭

法隆寺（日本国宝级木匠小川三夫修筑的日本最古老的寺庙，小川三夫成立的"鹈工舍"坚持钻研最古老的木工技艺，专门从事古寺庙、宫殿的维修和建造）

图片来源：关西摄

绝的传统技艺的传人。当时我就安排了一个博士生专门跟他学习，因为江南彩画再也找不到别的人来教你怎么画，现今这个顾师傅还在，苏州也授予他一定的荣誉称号。还有一些匠人他们可能没有什么绝活，但你千万不要低估了他们。如果你们读柳宗元的《梓人传》就会有发现，梓人家的板凳是歪歪扭扭的，你觉得一个木工做板凳怎么这样，他的技术能有多高，但是到了工地所有的木工都听他的，他能告诉你哪个人上去、怎么安装。这种人在浙南、福建依然能够找到。我记得浙江嵊州有一个快 80 岁的老匠人。我们的设计者可以画外形、剖面图、尺寸图，但是画不了榫卯。但是这位老匠人可以画，甚至知道哪一个梁要小、哪个地方要采取另外一种做法，要求你修改设计，这是真正的大师、匠师，他能指挥那些有绝活的人。他过去也有绝活，现在更侧重技术指导。

我们在日本也看到过一个工匠——小川三夫，他是日本国宝级匠人，法隆寺、药师寺等这些被世界惊叹的日本著名寺

小川三夫负责维护修缮的日本著名寺庙药师寺

图片来源：关西摄

庙都出自他手修筑,我们访问过他,他的徒弟都是有绝活的,但他就是技术指导。像潘德华先生、孙统义先生已经基本上都在这个层次,他们在某些方面可能还有一些不足,但都是技艺高超的匠师。

在文物保护建筑的修复中使用当地的传统营造技艺存在困难

文物保护建筑由于受到文物管理的制约,修缮的原则要求不可以改变建筑原状,要求采用原有建筑材料,但原材料买不到怎么办呢,还有原工艺失传了怎么处理?比如,浙江有一个项目经理,曾经也获过奖,工作态度很好,但是他不知道传统建筑需要用屋檐反钉木椽望板逆作法施工,他认为是外表装饰,就拿一个钢筋插到灰浆里面施工。这样施工方式错误的事情太多了。另外,传统建筑防水做法是很讲究的,直到今天都做不好,都漏水,虽然有提出要求保修四五年,还有终身责任制,但是都做不到。那怎么办呢?只能采用新材料,专门做防水层,按照新的防水规范来做。这个在修缮文物时原则上是不允许的,后来改成说不鼓励,最后不得不这样做。在其他的建筑上,有时候如果采用传统的材料能够保持风貌特点,最好用传统材料,假如找不到那个材料、找不到那个工具,设计没说明,质检人员也没有发现,大量的就混过去了。

提高文物保护建筑修复水平的每个环节都很重要

《中国文物古迹保护准则》里面介绍了一个国际上通用的工作流程,这个流程是调查研究、策划、规划、修缮设计、施工、管理。流程里面提到的每一个环节都无法被别的环节替代。不调查研究就做规划,规划肯定是从别的地方拷贝过来的,不知道规划对象本身的特点,不知道它的历史、保护核心在什么地方,这个规划肯定就是假的。所以调查研究不能取代。那么规划能够代替策划吗?如果规划包括策划,我们做一个宏观的规划,包含策划那可以。但是仔细来分的话,搞策划的人跟搞规划的人思路很不一样,搞策划的人比较看重社会效益、经济效益、经营管理、社会影响、知名度等,规划则不一样。然后进一步说,规划能代替设计吗?如果规划不准这个、不准那个,你就能把房子修好盖起来吗?不能。施工、管理同样重要,所以每一个环节谁也代替不了谁。因此我认为这六个环节都是很重要的,缺了哪一个环节,哪个环节就成了主要矛盾。

传统营造技艺活化传承的关键在于形成良好的社会机制

当代中国，最困难也最重要的是政策制定，是建立一种良好的社会机制，通过制度文化和良好社会机制的建立来推动我们传统建筑文化的传承和发展，我觉得最难做的就是这个。如招投标制度、定额制度等都是需要在国家层面进行设计和调整的。江苏的企业基本都是大企业，也有少部分民营企业，但是在浙南、福建有大量的家庭企业，家庭企业正是古代的一种经营模式，家庭企业比较好地保证了它有传承人。江苏的传承人之所以传承不下去，首先是因为匠师属于某某建筑公司，公司给他分配的徒弟其实对他的技艺不感兴趣，因为学得越好挣的钱越少，就连他自己的儿子觉得与其学建筑不如去搞房地产。这样的一种社会机制我觉得是需要去研究和改变的。日本、欧洲国家都有一些现成的制度可以供我们参考，中国的国情跟它们不一样，应研究适合中国自身发展的一条出路。

政府必须从关键问题入手，把难入手的事情做好，下面一环一环的可以自身发展。如果像浙南或福建地区一样有家庭企业有传承人自然不用我们培训；如果传统工艺的定格高了自然有人来学，不用我们去培养。现在我们香山帮有基础去培养人，但匠人挣不到钱。所以解决了这些关键问题和困难，其他的问题都会迎刃而解。

重视中国建筑历史和测绘教育

按照我们建筑学教育的教学大纲，我们的建筑课各个学校都不一样，但都有一门课程叫作中国建筑历史，有一章或两章关于传统建筑技艺的学习，我觉得这门课程的学习是有必要的。另外很重要的像测绘课，大部分建筑院校都有，但是越来越简单，对古代重大建筑的测绘越来越少。通过测绘，设身处地去认识古建筑，这个是很重要的，不能停留在字面上，停留在字面上的学习很枯燥。

积极开展传统营造技艺活化传承的调查研究和全新定位

首先要有一个正确的目标，有一个针对性的行动计划，并且在几年之内要取得成果。它最基本的工作包括调研、记录、整理现有的传统技艺及其传承人，以及其他相关资料。这个工作在几十年前就应该做了，现在做有点晚了，因为大部分已经灭绝，但是也算是亡羊补牢。其次，在亡羊补牢的基础上要注重第二项工作，就是要做比较、分析、实践、科学总结，这是整个工作系统的核心部分。因为只有通过这项工作，我们的成果才能够上升到可以和当代科学对话的层次上，就像只有把中国古代治疗疟疾的医药上升到青蒿素的层次，才具有获得诺贝尔奖的水平。最后，中国营造学社创始人朱启钤曾说过要和世界顶尖的专家直接对话。以前的经济条件比现在差他都有这么一个目标，要求我们中国的专家尽快研究、分析，和当时国内外，特别是国外的这些对中国建筑有研究的专家直接对话。我觉得这是我们期盼的一个目标，并且通过这些对话形成我们与东亚学者的共识，然后再提炼升华具有普遍意义的一些原则。

参考文献

[1] 过伟明. 绍兴大舜庙建筑空间艺术构图试析 [J]. 古典园林技术，2004（2）：37-39.

细究物理
会心传承

陈　薇

作者简介：

陈薇，著名建筑历史研究和古建筑专家，东南大学建筑学院教授、博士生导师，建筑历史与理论及遗产保护学科带头人，东南大学建筑历史与理论研究所所长，传统木构建筑营造技艺研究国家文物局重点科研基地主任，中国建筑学会建筑史学分会副理事长，第七届国务院学位委员会学科评议组成员。

陈薇教授长期致力于建筑历史与理论的教学与研究及遗产保护实践的多重工作，发表学术论文 150 余篇、出版专著 5 部、主编著作 8 部，主持和参加实践工程项目 60 余项。规划与设计作品获得部省级及以上奖项 12 项，科研成果获得部省级及以上奖项 15 项，教学成果获得部省级及以上奖项 20 余项。代表性成果有《走在运河线上——大运河沿线历史城市与建筑研究（上、下卷）》、全国重点文物保护单位南京城墙总体保护规划和扬州城址保护规划、南京秦淮区愚园（胡家花园）风景名胜设施恢复和复建项目、南京大报恩寺遗址公园规划与设计等。

因为对历史文化喜爱而与建筑历史结缘

　　我从小喜欢看文学方面的书，热爱历史文化。而为我打开建筑历史兴趣窗口的是苏州古典园林。记得大二的时候有一个认识实习是参观苏州古典园林和上海现代建筑，走进苏州古典园林，即刻被她的优雅所吸引。回来写实习报告时，我就把古典园林和《红楼梦》中的文学描写结合起来写了一篇文章，得到指导老师的肯定，我自己也觉得非常有意思。在之后的学习深造时，我选择了建筑历史与理论方向。那时候，南京工学院（现为东南大学）的建筑历史专业不曾招收过女生，因为特别辛苦，所以当时选择报考时有老师劝我再考虑下，但我还是坚持了自己的热爱，很幸运的是，最后我被导师潘谷西先生录取了，从此就在这个领域坚持下来了，转眼已三十多年。

江苏传统建筑和园林最鲜明的特色是结合自然、精致灵动

　　近些年，江苏对于传统建筑文化的保护下了很多功夫，也做了不少研究。我也参与了多个项目的研究和实践工作。我理解江苏传统建筑和园林最鲜明的特色可以概括为两点：

| 南京城墙总体保护规划

图片来源：陈薇提供

图例
〜 河流湖泊
∷∷ 明代外郭（有遗迹）
▪▪▪▪ 明代外郭（无遗迹）
— 明代内城墙（有遗存）
∷ 明代内城墙（无遗存）
▢ 明代皇城遗址
▪ 明代宫城遗址

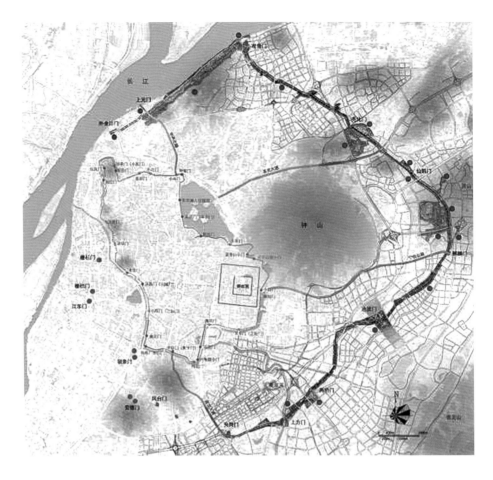

南京明外郭沿线地区规划设计及重点地段修建性详细规划［获2015年度全国优秀城乡规划设计奖（风景名胜区规划类）二等奖和2016年度江苏省第十七届优秀工程设计一等奖］

图片来源：陈薇提供

　　一是传统营造与自然紧密结合。这一特点得益于江苏得天独厚的地理环境和气候条件。江苏的山水特别漂亮，气候环境适宜植物生长，所以小到私家园林大到南京城墙都是和山水环境相结合、相适应的。江苏的建筑和园林通过和山水有机融合，发展出丰富的营造技法和多元的设计方式。

　　事实上，结合自然的营造不仅仅是一个简单的利用地形地貌的过程，也充分体现了古人的设计思维。比如南京明城墙，大家可能觉得城墙不就是砖砌起来的吗？可是大家可能没有特别注意到，35多公里的南京明城墙，采用了丰富变化的营造方法、选用了不同的建筑材料。比如说在南部临秦淮河的地方，由于地下水位比较高，土壤比较潮湿，所以城墙基础全部采用石头，包括中华门附近的城墙下部也都采用石材建造；但是到了西边鬼脸城沿线，城墙利用高大的山体采用包山墙的形式——在山的外面砌砖；而在南京北面九华山、紫金山附近，城墙就直接选用山体做基础，城墙架在山上；位于东边的城墙

南段城墙

西段城墙

北段城墙

东段城墙

处于自然地带，则多用城砖砌筑起来。这种因地制宜的做法既节省了建筑材料，又充分利用了原有的地形和山势，非常智慧。

因此，我们在南京明城墙保护和修缮措施中，就会特别注意，并不是哪里都可以用砖来砌筑的，而要结合原有的地形地貌特征和用材等。连城墙都这样有学问，更不要说建筑和园林了。因此，认识江苏的传统建筑文化，需要特别关注传统营造和自然的结合，这种结合不仅仅是就高就低进行建造的问题，更要理解前人在设计时是如何思考的，以及在材料选用、建筑形式等方面的科学性和审美判断，需要有慧眼识珠的洞察力。

二是江苏在历史上是经济发达和人文荟萃的地方，这种文化和经济的优势，体现出另一个鲜明特征是"精致灵动"，尤其是苏州的古典园林。这种精致灵动，体现在材料运用、建筑形式、装饰处理手法等各个方面。因此，传承江苏的传统建筑文

| 南京愚园重建后的景致["秦淮区愚园（胡家花园）风景名胜设施恢复和复建项目"获2017年度全国优秀工程勘察设计行业优秀建筑工程设计奖二等奖和2017年江苏省城乡建设系统优秀勘察设计建筑工程设计一等奖]

图片来源：陈薇提供

化和建筑技艺，很重要的一点就是不仅要在深入研究的基础上做好保护工作，还要传承传统匠人的工匠精神和技艺。在主持南京胡家花园重建过程中，我们秉持立意原真性、风格地方性、工艺传承性和设计创新性原则，建成后的园林既满足了当代使用功能的需求，也再现了旷达悠远和城市山林的古典意境。

历史研究和遗产保护是同一事物的一体两面

我一直认为，遗产首先和历史有关，所以历史研究和遗产保护是同一事物的一体两面。在遗产保护工作中，首先要做历史研究，然后再做现状研究。历史研究主要是了解这个遗产的价值和定位，对于保护对象有一个准确的价值认知，这是最基本的，也是非常必要的。而现状研究不仅仅是陈述现状，更重要的是搞清楚遗产与原有价值和状态的差距在哪？有多大的差距？解析毁损的原因，并对破坏的状态作出评估。如果保存较好就原状保存，如果已经被风化或破坏了，就需要采用一些措施来干预，以缩短现状与原有状态的差距。做遗产保护规划也是这样，首先要通过历史、科学、艺术以及社会价值研究，进行认知，然后进一步分析现状，提出保护方案，继而制定保护措施以及对遗产的管理指定规划和给出方向，目的就是使得遗产能够长远地保存下去。因此，建筑遗产保护首先是一个科学的研究过程。

我主持的全国重点文物保护单位扬州城址保护规划也是一项严谨的科学研究，我们推导出其最辉煌的唐代时期的城市结构、道路、水系，整理相关遗址遗存和文物，明确了价值所在后再进行随后的一系列现状评估和提出保护规划及相应技术措施。目前扬州作为重要的城市大遗址，总体保护很好。又如在做古典楼阁设计时，也要对曾经的过往，包括环境、历史及人物进行认真地研究，重建镇江北固楼的时候便是如此，对于辛弃疾的人物特色及其"满眼风光北固楼"诗词意境及其与地形的关系，做了认真地研读和分析研究。

满眼风光北固楼（"镇江北固山北固楼等建筑工程"获 2014 省城乡建设系统优秀勘察设计获二等奖和中国风景园林学会"优秀园林古建工程奖"金奖）

图片来源：陈薇提供

| 江苏淮安段运河

图片来源：陈薇提供

| 江苏无锡段运河

图片来源：陈薇提供

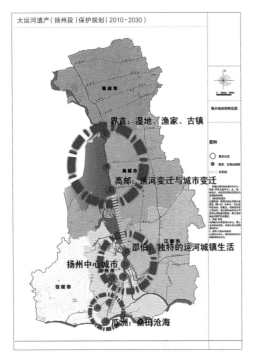

| 大运河（扬州段）保护规划（"基于地文大区和活态遗产的江苏段大运河遗产保护技术创新与应用"获高等学校科学研究优秀成果科学技术进步奖二等奖）

图片来源：陈薇提供

遗产保护需要非常严密的科学方法

遗产保护往往是一个非常复杂的问题，影响因素也是很多元的，如何准确认知和开展保护，存在一个科学方法的问题。

以大运河保护项目为例，我们现在都强调遗产的真实性、完整性等，所以当时我们南方的专家和北方的专家对运河真实性的认知是存在差异的。运河江苏段自古至今一直被沿用，所以它很多的河道包括码头，是随着社会变化而变化的；与此不同的是北方的运河多已干涸，所以北方专家一度认为江南的运河，特别是江苏段没有真实性。当时，我们对这个问题存有很大的争议。这个真实性的认知讨论了大概几个月的时间。怎么来看待运河的价值？江苏的运河不像北方运河大多数是开凿的，而是古人将江、河、湖、海，还有很多支脉经过人工的联系和联络整理出来的，这是非常智慧的。因此，我们对遗产的认知，一定要了解它的实际情况，然后才能干预保护它。值得庆幸的是，最终我们达成了共识——真实性不仅仅看物质的本身，而是看它当时发挥的功能有没有保留下来。大运河江苏段恰恰一直保留了原有的功能，这种真实性是活态的。

传统营造有很多科学原理和做法值得我们学习借鉴

喜欢传统文化的人相对于整个社会来讲或许只是一部分人。每个时代都有好的建筑，要求所有人都来关注传统营造，或者都喜欢传统文化是不现实的，也没有必要。但是为什么一定要传承传统的技艺和建筑文化？我觉得最主要的是要理解传统技艺里面的很多科学内容。对于传统建筑中的一些建造原理我们一直都解释不清或者研究不透,以至于误认为传统技艺仅仅是一个偏门或者说是一个绝活。这方面的科学原理需要专业人士将之阐释出来。因此,我认为传统营造技艺的传承应该分两方面去做:一方面是静态的传承,就是原封不动地把那些技艺传承下来。这样我们就可以按照传统的技艺来复制某个古建筑。比如,日本的神社会按照传统的技艺在旁边重新建造一个。中国再造一个佛光寺大殿在技术上也是完全可以达到的。但是这一定不是大量地再造,而是对于特殊建筑采用特殊手段、特殊投入和特殊人才开展的,目的是将传统的经典保存下来。另一方面是活态的传承,需要大量从事科学研究的人把传统建筑的一些科学原理揭示出来,使我们现代的工艺可以借鉴。

比如说我们现在用的家用地砖在铺设的时候多为白水泥勾缝,然而拖把拖几次后就成了"黑缝",但是在传统讲究的建筑地面上我们是几乎看不到缝的,因为它采用了一个很科学的铺设方法。古代匠人非常智慧地把地砖的侧面切成斜面,然后将连接的材料放在这个 45 度的斜面上,不但拼接的时候从地面上看不到灰缝,而且粘结接触面更大,拼接得更结实、更平整。这些细节在现代做法中并没有人去深究它,当然普遍看到的效果就不好。

所以,我觉得在传统建筑中的科学方法部分是可以普及的,我们只要把营造的科学原理揭示出来,建筑材料完全可以用现代的材料来置换。这就是一种活态的传承,我觉得这个可能更加重要。

传统营造技艺的活态传承需要产学研相结合

我们团队在做大报恩寺琉璃塔试制时发现,现在的一些建筑构件在工艺和材料上达不到古代的水平,试制出来的琉璃构件拼起来后非常难看。比如弧型的琉璃构件,刷了釉以后釉液会淌下来,烧制出来后弧上方那段颜色特别浅,下方就很深,颜色不均匀。说明我们对釉的稠度控制掌握不好,使得在烧造过程中无法控制上釉的流淌速度。为此,最后只能放弃原

《走在运河线上——大运河沿线历史城市与建筑研究》(上、下卷)(获第五届中华优秀出版物奖图书提名奖)

图片来源:陈薇提供

南京大报恩寺传统琉璃塔复原图、新建的琉璃意向新塔及与城河关系 ["金陵大报恩寺遗址博物馆"获2019年香港建筑师学会两岸四地建筑设计论坛及大奖（CADSA）金奖]

图片来源：陈薇提供

来的建造方式，而采用意象性的表达。事实上，琉璃瓦的釉是怎么涂的，温度是多少，时间是多少，配比是多少等，这些都是可以精准的科学方法分析出来的。说明我们之前往往只关注了传统建筑构件的样式、色彩等，而没有考虑到过程的科学研发，对传统建筑材料研究还很不充分。

所以，我认为现在很重要的一点应该是产学研结合，通过高校的科研与实验，把传统营造技艺的科学原理、传统建筑材料的科学配比研究出来，然后才能够活态地传承。琉璃瓦制作看起来很简单，但真要达到传统经典的水平，需要多学科合作。我在承担南京明城墙保护项目时，和东南大学材料学专业的老师合作，一起研究城墙的粘结材料怎么做，还获得了专利。因为砖是原来的，所以不能用现在的水泥来粘接，需要知道原来粘结材料的配比是多少？这些都是学校科研需要率先做的。

另外很重要的一点就是需要产业部门的协作。比如我们研究出来，需要把地砖砍一个斜面，但是跟厂家沟通时发现，批量小，厂家就不愿意生产，另外，运输过程中这种砖很容易损坏，又是一系列的新问题。所以历史建筑的传承是一个多学科合作和产学研合作的过程，全社会对此要有一个共识。

搭建平台，让更多的学生对遗产保护有认知、会实践

东南大学一直都非常重视传统营造和历史遗产保护的教

学和研究工作。在本科阶段就有这方面的课程设置，二年级针对三个学科设置有遗产保护通识教学，使学生对相关范畴和知识有初步的学习；在高年级的时候就会有课程设计或者与国外的高校联合教学，比如说和罗马大学就城墙保护问题开展过联合教学，探讨他们的城墙怎么保护，我们的城墙怎么保护，这样学生从开始的概念认知入手，然后学习一个实际的面对问题、解决问题的过程；到了研究生阶段，就有更专业的学习，比如说学习营造法式以及西方古典建筑知识，让学生对传统的理论有系统地学习。在研究生期间还设有遗产保护学课程，以前是朱光亚老师任教，现在已有年轻老师在教了，课程内容不仅局限在中国，更不仅局限在江苏。

同时，研究生期间还有很多遗产保护的项目实践，比如我主持的扬州段大运河以及大遗址保护规划、南京的明城墙总体保护规划和城市设计、临安城遗址保护规划等项目时，都是带着研究生一起做的。另外，东南大学还有教育部重点实验室——城市与建筑遗产保护重点实验室，董卫老师是这个实验室的主任，这个平台主要为培养人才和开展合作科研所设。但是我们这个专业培养的人才毕竟是少数，现在面对大量的遗产保护需求，这样的培养方式是不够的。从现在的社会需求看，大量的建筑师、规划师也碰到了遗产保护问题，因此住房和城乡建设部主持出版的《建筑设计资料集（第三版）》第8分册（2017版）专门有一个内容目"历史建筑保护设计"，是我主编的，这部分就是给大量的现在已经工作了的建筑师、规划师或者是其他从事与遗产保护相关的人参照阅读的。我觉得这个内容将来应该纳入注册建筑师学习或是考核中来。所以，我认为在高校层面我们要积极搭建学习平台。

对美的教育和培养要从孩子开始

江苏省在传统营造传承发展这方面的工作还是比较超前的。在常州有江苏省住房和城乡建设厅设立的城乡建设职业学院，他们专门来找过我沟通关于如何使教学更好地结合传统技艺传承的问题。我觉得不仅仅在高校要重视传统营造的教育，在全社会的广泛教育中也非常必要，我们对传统文化、对设计品质的认知需要有一个全民的提升。

我的一个日本朋友曾送我一份礼物，竟是孩子的玩具，打开一看是一个枯山水的材料，里面有几块黑石头、一包白沙及一个小耙子，让孩子尝试自己去动手做枯山水。有一个图是介绍这五块石头可以做成多少组枯山水，这个玩具本身就是一个全民审美教育的手段。所以，如果说只是到大学的时候才开始接受教育，会太晚了。

虽然社会发展非常快，但是对动手技能启发和培养的忽视不是仅在建筑这个领域存在，它是一个全民无意识的消失。我觉得通过开发一些玩具，从小培养和启发孩子对传统技艺、传统文化的兴趣，不仅可以提高孩子的动手能力，也是一种非常好的美学的教育，还能逐步提高全民的审美意识。

只有形成全民共识才能真正把我们的传统技艺传承下去

我们现在办一个班学习传统营造，报名的人不多，就是很多家长和学生对此没有认知。在德国如果你是一名技术工人，无论是收入还是公众对职业的认可度都是很高的，这也是"德国制造"享誉世界的重要因素之一。但是，目前在中国全社会的共识是觉得考上大学最重要，这个认知造成的弊病就是整个社会缺乏工匠精神，没人愿意去学技术、做工匠。其实，并不是所有人都适合上大学，但是这部分不适合的人也可能有很好的技能以及发展前景，如果社会公众都认为手工技能做的好与数理化考的好是同等地位的社会专业人才的话，才可能真正地传承我们的传统技艺。这方面首先需要全社会达成一个认知，然后形成一个系统来培养新生力量。

此外，对专业技术性人才我们的社会一定要有需求，不然培养出来的人才没有工作可做，也无法生存。这不是住建一个部门可以解决的问题，可能要全社会来共同努力，形成共识，完善系统，才可能真正将优秀的传统技艺传承下去。

文化传承中的"器"与"道"

张应鹏

作者简介：

张应鹏，江苏省设计大师，东南大学兼职教授，苏州九城都市建筑设计有限公司总建筑师。

张应鹏大师本科、硕士到博士，分别就读于合肥工业大学土木工程、东南大学建筑学和浙江大学西方哲学专业。这种特殊的学习经历不仅反映了张应鹏对建筑艺术的热爱，也进一步反映了他理解与坚持的建筑艺术的人文价值倾向，并在今后的建筑实践中，以"非功能空间及空间的非功能性"为创作基础，强调非功能空间和空间的非功能性在建筑空间中的地位、价值与方法，在非理性与不确定性等哲学与文学层面，在建筑学领域引入新的社会学命题。2000 年博士毕业，2002 年 1 月成立苏州九城都市建筑设计有限公司，多个作品获中国建筑学会建筑创作奖、全国优秀勘察设计二等奖、江苏省优秀设计一等奖。主要代表作品有苏州工业园区职业技术学院、苏州相城基督教堂、浙江湖州梁希纪念馆等，在《建筑学报》《世界建筑》《建筑师》《时代建筑》《新建筑》《室内设计师》等专业杂志上发表论文 60 余篇。

建筑是以实用与安全为前提的空间物，其中包含功能的合理性、结构的安全性以及材料的耐久性等；建筑也是作为文化载体的空间艺术，综合包含社会学、经济学、心理学、伦理学以及科学、宗教、民族传统与地方文化等各个学科。"器"与"道"是建筑艺术的两个重要属性。"器"偏向于具体的物理空间，满足基本的使用功能，而"道"则是空间所承载的文化精神，是空间在满足基本使用功能之后的更高命题。经常有人问我，博士为什么没有延续硕士期间的建筑学专业而是转向西方哲学专业，其实我就是想通过人文学科的历练越过作为器物的空间去直面空间背后的更为复杂也更为多元的社会文化。

"器"与"道"并不是两个相对独立的建筑属性，而是相互交织彼此映衬的共同存在，并伴随着技术革新和社会变革而共同发展。所以我们今天来讨论"传统营造"，既不能简单地悬置越来越先进的建造技术而静态地讨论"过去"，也不能盲目地回避越来越综合的社会文化而孤立地讨论"营造"手段与技法。我更愿意在当下环境中，以发展的眼光讨论并面对"传统营造"的新的目标与新的可能。

材料与技艺

谈"营造"一定离不开材料与技艺，而材料与技艺的发展正日新月异。曾经，木材和黏土砖是我国最传统的建筑材料，秦砖汉瓦二千多年，并早已发展成熟为我们引以为豪的榫卯结构体系，而今天我们需要面对的却是这种材料与结构体系的多种缺陷与局限。木材防火等级不够及木资源的有限，天然木材的受力性能很不全面，难以适应现代建筑在跨度与高度上新的要求，同时，榫卯构造因为大幅度降低了集中受力点的材料断面也在结构与材料逻辑上受到质疑。粘土砖作为建筑材料的力学缺陷更多，且因为对粘土的依赖已被定义为非环保材料而限制使用。所以在苏州生命健康小镇启动区的项目中，我们保留了街道与院落的传统尺度，并选择黑瓦、白墙、花格窗在建筑形式与造型上和传统的苏州建筑相呼应。精致细腻的构造细节也是这个项目的一个重要表达，细节是江南文化，尤其是作为江南文化的代表的苏州建筑文化中非常重要的特点。但瓦已不再是当年的小青瓦，而是防风防水性能更好的平板水泥瓦；木材也不是自然采伐的天然木材，而是重新加工过的胶合木，这种木材通过将纤维提取后再重新胶合，不仅避免了天然木材的天然缺陷，提高并改变了木材的受力性能，还能达到相应的防火等级；构造体系也不再是传统的榫卯结构，而是采用了材料性能与构造逻辑更加合理的钢木组合结构。外墙与门窗是更加耐火且便于加工的铝合金材料。

苏州生命健康小镇启动区的建筑依然是苏州的建筑，街道依然是苏州的街道，并通过改良"传统营造"积极传承了传统文化。

小镇东南角整体鸟瞰

图片来源：张应鹏提供

粉墙黛瓦及构造细节

图片来源：张应鹏提供

西侧局部沿街立面

图片来源：张应鹏提供

传统的月亮门及空间对景

图片来源：张应鹏提供

进入院落的"过街楼"

图片来源：张应鹏提供

传统空间尺度景观水街

图片来源：张应鹏提供

钢木组合的结构体系

图片来源：张应鹏提供

明亮的室内展厅

图片来源：张应鹏提供

开放的连廊

图片来源：张应鹏提供

空间与尺度

今天的城市空间在尺度上和传统相比早已不能同日而语，过去的城市空间是以步行为尺度，而今天的城市空间是以汽车为尺度；今天人们的生活方式和过去人们的生活方式也有很大改变，过去的城市是相对稳定的居民构成相对稳定的邻里，而工业化信息化高度发达的今天，快速流动已是现代城市生活的日常状态。传统的城市空间尺度与新的城市发展之间的矛盾也不断激化。20 世纪 90 年代初苏州市东西向的干将路就是在这种社会背景下拓宽改造的。拓宽 50 米后新的城市道路的确解决了城市交通问题，但同时也割裂了古城原有的空间肌理，城市的日常生活空间转换成了快速的城市交通道路。

干将路拓宽改造 20 多年来，随着内环与外环高架的开通，地铁网络的修建与完善，以及大量职能部门和居住人口的外迁，苏州古城的外围条件已发生了很大的改变。2017 年，利用回东南大学建筑学院给研究生上课的机会，我带领 12 名研究生用了一个学期的时间完成了我们的课程设计："重塑姑苏繁华图——苏州干将路缝合与复兴城市设计。"这是一次城市

干将路在苏州古城中的位置

图片来源：张应鹏提供

拓宽 50 米后的干将路解决了城市的交通，但同时切断了古城传统的空间肌理

图片来源：张应鹏提供

传统空间营造的乌托邦，也是一次现代城市生活复苏的乌托邦。设计的基本策略是将现有干将路的双向 6 车道改为双向 4 车道，利用腾出的空间建设架空平台，将干将路上的车流与人流上下分开，架空的平台在二楼处将当年被割裂的城市空间重新缝合，并重新建构了干将路的步行空间尺度，通过二层的平台步行可直接到达中间的干将河。结合平台及干将河，设计的不同部位不同高度的亭台楼阁是典型的苏州园林的传统营造策略。这是一处立体开放的"园林"，又是一处公共城市"广场"，同时还是一条充满日常生活活力的城市"街道"。

"干将路的缝合与复兴"是对传统城市空间尺度的回归，并通过空间营造重新组织空间行为并激发城市活力。

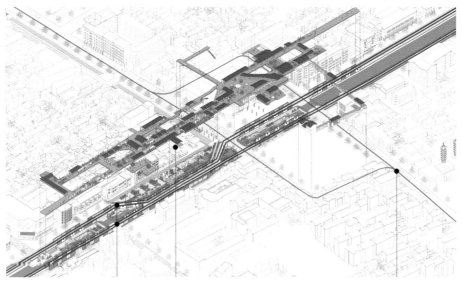

通过架空的平台缝合空间尺度同时引入步行人流并激活城市生活

图片来源：张应鹏提供

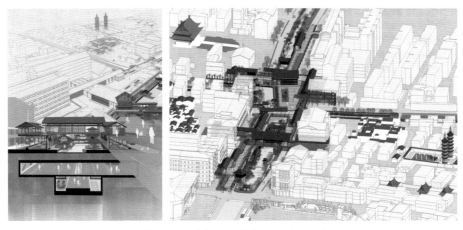

干将路、平江路口立体组合的空间剖面　缝合后的干将路、平江路口形成了现代开放的城市公共园林

图片来源：张应鹏提供

通过二层架高平台步行人流可安全到达干将河

图片来源：张应鹏提供

形式与功能

　　受建筑材料、建造技术所面临的空间结构的制约，传统的建筑空间（无论是东方的，还是西方的）在一定程度上均是形式优先的，所以传统建筑的空间类型都比较少。但随着工业革命和现代科技的发展，建筑形式与空间早已从传统空间结构的约束中释放出来，所以现代主义建筑的"形式近随功能"才终于成为可能。

　　但我认为，空间不应该只是一个被动地"被"使用的"器"物，建筑作为一项最综合的空间艺术应该更主动、更积极地介入人们的日常生活。所以我进一步认为，建筑设计不能只是简单地组织使用功能，也不能只是完成"美观"的形式，建筑设计在某种程度上讲应该是"设计一种生活方式"，是建筑师对自然的观察、对社会理解的空间表达，是和使用者之间分享的空间陈述，这应该同时包含着对"传统营造"的方法与态度，甚至还包含着对现实的批判与反思。

　　杭州师范大学附属湖州鹤和小学就是在这种思考逻辑下刚刚建成的一个案例。在这个案例中，空间没有以"迎合"功

左：小学东北角鸟瞰，一层为基座、二层相对架空、三层四层为一相内围合的整体，右：轴侧空间爆炸轴测

图片来源：张应鹏提供

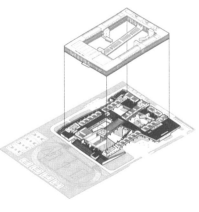

| 左：东部北侧的院落，楼梯左侧的坡道上可攀爬、圆坑内可停留休憩，右·西部北侧院落

图片来源：张应鹏提供

| 从南北连廊中的景窗向西看西侧北部的院落

图片来源：张应鹏提供

| 左：从二楼向下看通向地下室的露天"阶梯教室"，右：院落上方不同标高的屋顶活动平台

图片来源：张应鹏提供

底层架空院落间传统的江南园林小景

图片来源：张应鹏提供

此处北侧底层架空处的地面为更加生态的天然草坪

图片来源：张应鹏提供

能为借口简单地满足常规的日常教学功能，而是在清醒地反思后，以空间的方式试图解构当下应试教育与填鸭式教学的种种弊端。在空间策略上，底层与二层以架空的非功能空间与开放的屋顶活动平台为主；部分围合的使用功能也是以舞蹈教室、音乐教室、绘画教室以及体育活动室等素质教育内容为主，而日常的普通教室主要设置在相对较高的三四层。自由健康地快乐成长是空间的优先主张。空间不仅满足使用，空间同时陪伴成长。

在科技高速发展、信息高度开放的今天，"营造"已不只是个传统问题，而更是个发展问题，传承很重要，发展更重要，如何在传承中发展，又如何在发展中传承，以上的三个案例分别讨论了不同的可能，是我对"传统营造"的理解，并包含了相关态度与方法！

留住传统建造技艺的根脉

———— 贺风春

图片来源：苏州园林设计院有限公司提供

作者简介：

贺风春，江苏省设计大师，苏州园林设计院有限公司董事长、院长，中国风景园林学会理事。

贺风春大师长期致力于研究中国园林的艺术特点及共传承与创新，其主持的美国波特兰兰苏园项目获建设部一等奖、省优一等奖；苏州三角嘴湿地公园项目获全国勘察设计行业一等奖、省优一等奖；上海古猗园改扩建工程获建设部一等奖、省优一等奖。

传统建造是中国传统文化的优秀载体

传统建造技艺是一个传播和复兴中国传统文化的优秀载体，技艺的背后还包含了很多民俗约定、传统文化、哲学思想等等，在全球化的语境中就是一种文化自信。

美国波特兰市的兰苏园是我走出国门的第一个古典园林营建项目。在兰苏园的设计建造过程中，有两个难点：一是设计。设计是园林的灵魂，涉及艺术手法、空间尺度、空间营造

兰苏园（传统材料、施工技术与现代材料、施工技术结合的结晶，是东方古典园林艺术与美国现代建筑规范的完美结合）

图片来源：苏州园林设计院有限公司提供

等方面。兰苏园的设计既需要表达出丰富的中华文化内涵，还要符合波特兰当地乃至全世界的审美规律。二是制作。在跨国的情况下传承中国传统园林文化，从用材到工艺手段再到整个建造过程，都需要各个方面的充分配合，需要用非常纯正的传统建造技艺来表达，对技师工匠的要求很高。我们在整个项目的研究创作过程中，将中国传统的天人合一的哲学思想以及儒家、道家的思想，融入到兰苏园的设计建造之中，大到空间构造，小到匾额对联，都蕴含了我国古典文化内涵。可以说，兰苏园的建设不仅给波特兰留下了美好的物质财富，更重要的是担当了一个文化使者的角色，对传播、弘扬中华文化起到了重要的作用。

| 自由、曲折、灵活的兰苏园园林布局
图片来源：苏州园林设计院有限公司提供

留园鸳鸯厅（香山帮各大技艺工种、工艺得以体现的完美场所）

图片来源：苏州市园林和绿化管理局提供

江苏在建造技艺传承方面具有突出优势

我认为，江苏的传统建造技艺在全国的地位是最高的。一是香山帮乃至江苏传统建造技艺有着非常清晰完整的理论体系。二是对工艺流程和工艺技法也有严格的规定。三是江南人的智慧和才能在传统建造技艺中得到了发挥和升华。

我觉得我们做传统建造技艺传承研究是有优势的。江苏的古建筑建造技艺，香山帮是最完整、水平最高的第一派系。一是地位高，从历史上来看，比如蒯祥做到工部侍郎，工部侍郎相当于现在住房和城乡建设部副部长的级别，在那个歧视工匠阶层的封建时期，一个普通的工匠能够走到"副部长"，说明当时社会对他的价值认可有多高，他能够修到国家的皇宫，三大殿都是他修的。二是形成自己的理论体系。香山帮鼻祖蒯祥把民间建造工艺应用在皇家建筑的建造上，通过《营造法原》一书对江南的汉族建筑做了规范性整理，把工匠们的工

狮子林院墙上塑有琴、棋、书、画图案的"四雅"漏窗

图片来源：苏州市园林和绿化管理局提供

耦园黄石假山（叠石手法逼真，雄浑峭拔）

图片来源：苏州市园林和绿化管理局提供

斗拱制作

图片来源：江苏省住房和城乡建设厅.江苏城市实践案例集 [M].北京：中国建筑工业出版社，2016

石雕技艺

图片来源：江苏省住房和城乡建设厅.江苏城市实践案例集 [M].北京：中国建筑工业出版社，2016

砖雕技艺

图片来源：江苏省住房和城乡建设厅.江苏城市实践案例集 [M].北京：中国建筑工业出版社，2016

法、做法，形成法定的法式，讲得非常详细，从大木到小木，从工匠的做法到民俗，形成了体系完整的建筑工法，是传统建造技艺的集大成者。

香山帮传统营造技艺是中国汉族传统建筑的根源

传承和发展传统建造技艺是非常有必要的。人要有根，文化也要有根。我们必须了解自己的根、了解传统技艺的根，明确工艺的基本原则和渊源，才能更好发展和弘扬。当然，随着时代的变迁，传统建造技艺也会发展和变化，比如说古建的功能、规模、使用主体和建造技术都在改变。而有些东西则是不会改变的，如造园主旨、造园主体、造园艺术手法和整体风貌等。

香山帮的技艺，不仅代表江苏，而且代表中国，是中国汉族传统建筑的根源，它的法则形成了中国汉族建筑。各个地区在这个根源上不断演化，结合实际情况，在变化过程中形成了比如徽派建筑、岭南建筑等，但不管是徽派建筑，还是岭南建筑，只要是汉族建筑，它的构架体系都是在这个体系基础上延续发展下来的，这个地位是不可否认的。只是在不同的历史阶段，不同的地区根据其自然条件，人文、经济实力，会有变化，有差异性，但是从建筑的本底去看，从梁架体系到基础体系，都是这个体系基础。所以要研究中国古建筑，一定要先研究江苏的古建筑或者建筑特色，这点研究清楚了，其他的触类旁通，一下就明白了，渐变的是哪一块，一定是小变而不是大变，建材的变化，墙角、局部的变化，还有民俗功能的变化等，但根基体系还是不变的。

流芳园 1（坐落于美国洛杉矶亨廷顿植物园内，是目前海外规模最大的苏式园林）

图片来源：洛杉矶亨廷顿植物园提供

流芳园 2（这里的一石一瓦都是从中国江南运来，由苏州的香山帮工匠打造）

图片来源：洛杉矶亨廷顿植物园提供

留住技艺就是留住文化

　　中国文化具体的物质体现，是在传统建筑、传统园林、传统书法、传统绘画，甚至传统诗歌当中。要把中国传统文化以不同的形态表现和延续下来，如果没有传承，这个体系很快会随着实体消亡。现在城市化建设这么快，我们的很多文物建筑、传统村落、传统乡镇、传统园林都佚失了。所以，一定要把一些传统的工匠保护好，传统的工艺和工人都要保留。

　　另外，我觉得一个国家要在世界上占据一定地位，除了拥有飞速发展的经济实力，文化是真正让你站住脚跟的重要因素，这些文化都蕴含在传统的工艺和技艺里。首先要保护好老的工匠，这些"老法师"，比如陆总（陆耀祖）年事已高，体弱多病，如果这批人迅速消失，或者三五年消失了，我们没有人把他的技艺保留下来，没有人把他的技艺研究透，再结合现代的发展需要延续创新下去，那么这个工艺就迅速断结了，以后我们可能只能通过臆想，根据想象去做。所以抢救文化很重要，要活态地保存下来，我们为什么会说唐朝时候非常辉煌，你看唐朝的古建筑，你就会想象当时朝代的实力，通过古建筑的这个辉煌体系，就会知道当时的文化兴盛。如果过去10年、20年以后，这些东西都变成一片片废瓦砾，怎么能够想象大唐的兴盛，光靠诗歌和文字描写是不够的，一定要将实体、实物的展现留存下来。所以我觉得保护传统文化，传承传统技艺具有必要性和紧迫性。

技艺传承，人是第一位的

　　我觉得不管什么样的方式，技艺的传承第一是人，这一批人你要给他们一个社会的尊重度，让他们有社会地位，然后他们的价值在他们的工作当中得以体现，只有被社会认可以后，很多年轻人才愿意学习它，才愿意从事这个行业，才能够在这个行业当中生存下去，最后在生存的过程中，才能够创造出作品来，所以我觉得人是第一位的，但是保护这批人首先还是需要政府的政策推动，光靠企业是不行的。今天干古建筑你给他300块钱，明天干现代建筑人家给他600块钱，他就不干你古建筑了，所以政府要发挥一个主导作用。政府对这些传承人，包括传统工匠技师评价体系建立完善以后，给他们一定的津贴、补助。

　　其实人除了物质和金钱的需要以外，还要有一定的社会地位和社会尊重。自我实现，就是自我价值在社会当中的实现，我觉得这点政府做得还不太够。我反复讲过一个案例，我当年到日本的京都、大阪去调查古建筑的时候，遇到一个龙川家族，他们世代都是在做古建筑的维修、建设，日本政府把他们当作国宝家族，社会地位非常

高，由国家的财政经费养着他们，并且具有一定的特权，大型的寺庙和传统的园林、皇家建筑，只有他们有权利来维修，其他人是不可以随便去修的，如果随便搞一个队伍就可以做古建筑建设，那一定是一种混乱的状态，即混乱的人、混乱的传承体系、混乱的保护体系，最后做出来的东西也是不正宗的，似是而非的。

还有就是需要活态传承，很多东西是在不断地延续之中，比如说我们传统的江南园林，很多已经成了废址、成了遗址，在文化兴盛的过程中，对传统的古建筑、传统的江南园林会进行修复，修复过程中就要强调要用正宗的传统的技艺、传统的方法，实践过程就是一个活态的延续传承。在这个过程当中，不断有新人跟着设计者学设计，跟着施工者学施工，就沿着这样一个非常清晰的脉络延续下去了。

传统技艺传承发展需积极应对行业的发展难题

实际上，传统建造技艺和工匠精神的培育面临着许多问题和挑战。首先，城市发展速度太快，很多老村庄被快速推平，导致许多传统文化载体的流失。而一个国家或者一个民族要屹立于世界，必须保住自己文化的根，文化的根必须是一个具体形态，比如古村落、古园林、古寺庙等历史文化载体。因此，想要延续这块土地的文化，必须对这些传统文化载体进行抢救。其次，工匠大多被视为社会底层职业，收入低、社会认同感低，导致大量年轻人不愿意从事该职业，而上一辈已经步入老龄化，行业面临着青黄不接的现状。要保护这些传统文化的根源、保护传统建筑，就必须保护传统工艺人。但是在整个市场环境中，对工匠工艺技术的认可度不足，价值得不到认可，人才大量流失。

传统建造技艺传承和发展的路径，我认为有三个方面：第一，针对类似香山帮营造技艺的工匠和工艺人，建立一个保护体系，对其进行合理补贴，使其经济收入保持相对稳定；第二，政府应普及相应专业的教学，让学生更多更好地了解传统工艺，从教育体系角度延续和发展下去；第三，面对传统文化载体的消逝，必须在抢救和保护的环节中，坚持使用传统的工艺和规范的流程，从而实现真正的传承。

传统的营造技艺里有文化基因在起作用

赵　辰

作者简介：

赵辰，著名建筑设计师、建筑遗产保护专家，南京大学建筑与城市规划学院副院长，建筑系主任，教授。

赵辰教授曾经先后两次在瑞士苏黎世联邦高等工业大学建筑系深造，多次在美国及欧洲其他国家进行学术交流。主要研究方向是对西方与中国及非西方建筑文化的比较，发表大量学术论文并出版专著《立面的误会：建筑·理论·历史》。在建筑与城市设计的研究与实践方面也有卓越的成果，一些重要的建筑作品被建成。曾获2005年联合国教科文组织亚太地区文化遗产保护卓越奖（一等奖），住房和城乡建设部优秀工程勘察设计二等奖。先后在芬兰赫尔辛基理工大学建筑系，意大利佛罗伦萨大学，澳大利亚墨尔本大学、新南威尔士大学、悉尼科技大学，美国圣母大学、里海大学，中国香港大学、香港中文大学、台湾淡江大学、台湾东海大学等学校讲学。

江苏传统建造技艺的精细程度是全中国最高的

　　讨论传统建造技艺首先要从历史的角度来看，以江苏为代表的传统地域，其实是中国古代的吴（以苏州为中心包括上海、浙江）越（以绍兴为中心的地区）地区。在中国汉代之后，吴越是建造技艺最发达的地区，建造方式基本上是遵照吴越地区的传统习惯来做。据我所见，江苏在现代建造领域反映出来的高水平就是基于吴越地区传统营造技艺的遗传基因，江苏传统工艺的精细程度是全中国最高的。

| 南京江宁"九十九间半"的杨柳村古建筑群

图片来源：马超摄

南京江宁"九十九间半"（"九十九间半"是一种大型建筑的通称，主要流行在江淮等地，尤以南京为最，多属民居[1]）

图片来源：马超摄

提升中国城市建筑设计水平，需与本土的营造技艺紧密结合

要提升中国城市建筑设计水平，体现地域的文化价值，必须与当地的营造技艺紧密结合。传统营造技艺是由一个地区的人群为适应当地的整个生态环境，通过几千年、上万年的积淀而形成的，这是建筑学根本的道理，也是后来南京大学在研究领域所说的建构文化。从思想层面上看，中国传统营造技艺的保护和传承，不是简单的文物保护问题，而是整体的文化价值问题。

以南京江宁"九十九间半"为例，屋檐的檐口到两边的院墙上有一个排水口，这个水排到哪里去没人搞得清楚，这个问题是个谜。后来我带着我的学生，将它作为研究课题破解了。这种墙都是空斗墙，大概有37厘米厚，南京的做法就是屋檐做到院墙再做檐沟，沿檐沟到两边之后进院墙。院墙有一个空斗，院墙里采用了一个个套起来的陶罐，然后将水从墙根水平方向冲出来。以前我们都喜欢把设计成果讲一讲，但到底怎么做都不清楚；现在我们搞清楚这个问题后，就按原样把它做出来，比以前有了进步。由于很多传统做法现在的施工设计图没办法表达，所以我们就采用轴测图，最重要的是采用老城里面原有的案例来做说明，让工匠明白如何实现。在我看来，我只是传统营造技艺的学习者，重要的就是把它学懂了之后再传递给今天的工匠。

传统营造技艺的活化传承分为传承型和再创造型两大类型

所谓传统营造技艺的活化传承，其实是一个非常大的题目。最基本的分为两大类型：一类是传承型，另一类是再创造型。

就传承型而言，传递者并不是那么简单，首先要把传统营造技艺搞懂。现在最大的问题是大部分建筑师、工匠没搞懂传统文化就想传递，这样会传错。传承是一个最基本、最大量的工作，需要大量的专业人士下真功夫去做。要有耐心按要求去做这件事，我们看到更多的是做假的，没有真正搞懂文化内涵，这个是要杜绝的。

就再创造性而言，应该把传统技艺结合今天的实际情况，比如说新的技术、新的需求进行再创造。因为传统的营造技艺是基于传统生活条件在当时的建造技术下的创造，今天的生活需求和建造技术都不一样了，所以传统营造技艺的活化很难。如果我们有做第一层次的传承，可能应该考虑把它跟今天的需求和技术相结合，创造出一种新的东西。我认为这也是活化，但是活化和传承要分清楚，传承还是最重要的。

传统营造技艺的问题折射出的是深层次的文化观念和文化价值判断问题

针对传统营造技艺的活化传承，目前有好的方面也有不好的方面。好的方面，是我们国家自从 1949 年以后政府非常重视，所以保护做得是比较好的。从大学到研究单位，从建设者到领导管理者，社会的需求越来越旺盛，保护已经变成一种全社会的意识，所以这方面是好的，跟国际高水平也在不断接近。不利的方面，是以前过多的重视一些重要的官方建筑和皇家做法，对民间的、地方的很特殊的做法不重视，更多重视比较表面的东西，对实际的一些内在的关键技术不重视。这方面应该要基于一种全球的、高水平的文化价值判断从更高层次去看。希望全世界不要用一种文化价值去判断一个东西，不要用西方的文化价值观来判断中国的事物。同样道理，国家内部皇家的东西很好，但也不能看不起某一个小地方做出来的东西。在营造技艺方面，我们大学里面讲的都是官方技艺的东西，但是全中国没有多少官式做法需要去传承，因为有专门的文物部门在保护，可是地方的做法却缺乏保护传承。归根结底营造技艺的问题折射出的是深层次的文化观念和文化价值判断问题。

传统营造技艺融入当代建造体系一方面要鼓励探索和尝试，
另一方面要平衡现代与传统的关系

传统营造技艺融入当代建造体系应该是难度比较大的一件事情，也是很多建筑

原竹在室内设计中的运用

图片来源：张静提供

师、学者感兴趣的事情，我个人对这部分兴趣也比较大。我们讲的传统营造其实是一个很模糊的概念，如果传统的样式用现代的做法做，算不算融合？反过来，只用传统的材料，比如说木材，但是做的完全是现代的东西，这样又算不算融合？在这个层面，我总体是持一个比较宽容的态度，因为我知道这个东西不那么容易做好，做不到完全分清楚。具体而言：

一是要鼓励探索和尝试。传统营造技艺要融入当代建造体系有广泛的需求度。不能说一个设计师做了一些尝试，但觉得他做的没那么严格没那么好，就把他一棍子打死，最起码他是在往这个方向探索，应给他一点鼓励让他继续探索。

二是要平衡现代与传统的关系。对我个人而言，当代建造体系首先要考虑现代、当代人的生活需求，其次要考虑社会发展的需要；既要注重传统营造技艺，也要注重文化印记。

运用新技术克服传统技艺的缺点

如果现在新建一个传统建筑有排水问题，一定要用传统的做法，我觉得这有点过分，因为它的效果不见得是最好的，不符合现在的真正需求。所以如今真正碰到这样的问题，需要建筑师提供方案、思路，针对这个问题我是更倾向于考虑现在的需求。

目前的建筑建造过程中存在一个不好的现象，即某一个成功的东西大家都学，这个挺可怕的。建筑本身是有地域性的，各个地方都学不一定是对的，应该让它符合当地的实际需要。

针对材料上的缺点可以采用现在的先进技术来解决，这样的研究具有深远的意义。我最近做了很多这方面的研究，比如说原竹有它的缺点，即时间长了它就不行了，但现在原竹通过工业化的处理，可以回避掉以前原竹的缺点，将它放在住宅设计中使用。这种新的工业化竹材运用新的技术能够克服原竹的缺陷，甚至比木材还好，那么就有可能把它发展成一个新的产业，这个与生态、可持续发展、传统文化、建造技艺的传承，都是有关系的。

你偶尔穿一件唐服，这不是你真正的生活，今天的生活、社会的发展是往前走的，不可能走回头路，虽然你对历史文化感兴趣，但不要愚蠢地回到以前。建筑也是一样的，最新的技术可以克服之前的缺点，要运用它去克服这个缺点，然后把这个文化传承下去，发展出去。

传统的营造技艺里有文化基因在起作用

我从很年轻的时候就喜欢经常跟匠人打交道，很善于从他们那儿学一点东西。民间好的匠人有很多，并不一定是我们常规认为的传承人。其实传统匠人是在老百姓的文化基因里面的，我碰到过有一些年纪并不大的工匠，他一旦感兴趣了之后，一下子可以做得很好。我就感觉到这种文化基因不是表面化的，是很深层次的，然而我们很多建筑师并不理解。

侗乡具有独特风格的建筑物：侗族鼓楼（鼓楼通体全是本质结构，不用一钉一铆，由于结构严密坚固，数百年不朽不斜，充分表现了侗族能工巧匠建筑技艺的高超）

图片来源：马超摄

南京明城墙（始建于 1366 年，建造工艺精湛、规模恢弘雄壮，在钟灵毓秀的南京山水之间，蜿蜒盘桓达 35.3 千米，而南京明城墙的外郭城周长更是超过 60 千米）

图片来源：周岚，朱东风，于春，等.江苏城市文化的空间表达——空间特色·建筑品质·园林艺术 [M].北京：中国城市出版社，2011；马超摄

举个很简单的例子，就跟中国人的餐饮一样。一个年轻人从小没做过饭，但他吃过很多，大学毕业成家之后就不得不学做饭，而他一下子就能做得很好，甚至超过美国的中餐馆水平，这不稀奇，这就是文化基因。营造技艺在某一个层面也是这样，当然你要是没有这个机会去实践还是会失去的。也就是说这个小孩就算会做菜，他要是永远没有机会去尝试做菜，他就不知道自己会做菜。所以，社会要提供条件让年轻人，不管是学生还是工匠，都有兴趣接触传统营造，然后有能力欣赏，将其变成一种文化的延续。

我碰到过很多好的工匠，木匠、门匠、瓦匠是主要的三大类。不同地域的工匠水平会不一样，但江苏的文化基因还在，然而具体地想拎出来几个工匠到大师级别并不是很多。原因是让他们能够施展建造技艺的机会太少了，或者说他们被调到别的地方去就业了，有的甚至于去了福建还有四川、贵州。我专门研究过木拱桥、侗族的鼓楼，建造那些建筑的江苏工匠太厉害了，比如说贵州建鼓楼的工匠，那几根大柱子上需要多少个榫眼，他几个晚上就算出来了，再全部按他的方式打，打完了之后再装配，非常壮观。

江苏施工队的口碑是很好的，三流施工队可以比拼其他地方的一流施工队，其实就是文化基因在起作用。苏州人真正在本地做工匠的不太多，他们多去其他地方做一些非常精细的建筑。江苏的扬州、南通、无锡也有很多好的工匠，所以我认为就是文化基因在起作用。这些人，无论在哪儿，你让他做传统的营造技艺，他依然会做，只是他平常没有这个机会，也没有社会需求。南京以前的老建筑的施工质量很差，跟苏州、扬州不能比，所以我是很鼓励从扬州找一些好的工匠来施工。我对江苏的建造技艺其实是有自信的，你们现在做这个研究工作其实很有意义，就是要重新把这些老百姓的东西唤醒起来。

传统营造技艺的传承需要坚持和挖掘，但是实际操作上是有难度的

总体来讲，在古城保护、历史文化街区与历史建筑修复中要求使用当地的传统营造技艺是对的，而且需要坚持和挖掘，但是实际操作上是有难度的。这个难度来自于：一是搞不清楚老做法，就算搞清楚了难度也太大。二是造价太高，会这个技术的人太少。比如说在南京修城墙，南京城墙的量很大，光城墙砖的代价就很高，砖的黏结剂的要求也很高。当一个工程任务来了，短时间要大批量修就很难。我们搞工程经常会碰到这种事情，虽然现实的条件有限制，但我依然认为这件事要坚持做。你如果不坚持，传统营造技艺的活化传承就变成一句空话，因为现在主要是靠做工程的机会来传递这个技艺。在文化遗产里面，传统营造技艺叫非物质文化遗产，建造起来的就是物质文化遗产。这两者是有联系的，文化遗产修缮工程，

中国木拱桥（2008 年 6 月 7 日，木拱桥传统营造技艺经国务院批准列入第二批国家级非物质文化遗产名录）

图片来源：马超摄

如果不用传统的营造技艺来修缮，到下一代再修的时候技艺就丢了。

工匠怎么保存技艺？很简单，给他活干，如果他没有活干，技艺肯定会丢失。南京郊区有一个石匠村，我专门做过考察研究，他们祖上当年就是修南京明城墙的。明太祖从全国调来的工匠都集聚在这个村子，但是现在这个村子里找不出几个像样的石匠。我跟其中一个石匠师傅是朋友，南京市文物局定点会请他修一些施工活，虽然他还保留着一些技艺，但他的技术也越来越差。在南京城墙现在的修缮过程当中，石匠部分的项目并没有轮到他做，而是招标找了其他工匠。我觉得挺遗憾的，因为久而久之，他的技艺还是会丢掉，这个问题还是很严峻的。

在我参与的项目里面，有些也是很成功的，就像浙江跟福建的木拱桥，当初我在研究的时候就很兴旺了，现在是非常兴旺了，那边工匠挣钱挣得很多，因为好多地方都要修、都要新建，这个是出乎我意料的。

李约瑟写的巨作《中国科学技术史》，大部分中国人根本不懂，但是你要去看一看，会吃惊得很，大部分中国学者自己都搞不清，里面大概有 70% 的技艺是丢失掉的。国内很多学者没有这个认识高度。习近平总书记的看法是有高度的，在世界，中国首先应该对自己的东西有非常高的认知，而且你是要向人们证明我们是有这个能力的，这个很重要。

传统建筑营造中规划设计的环节非常重要

传统建筑营造中规划设计是非常重要的环节，其次重要的就是施工环节。规划设计本身分很多层次，第一层次的总体设计是很重要的，第二层次就是施工专项的建造技术。我做所有的东西都抓这两个，中间环节我是不太管的。关键的是这个设计方案中建筑多高、多大，这些要先定下来，定下来之后就是怎么做，包括材料和技术。只要这两头控制住，我觉得不会有问题。现在恰恰是这两头比较弱，很多人做规划，但对建筑的专项技术并不熟悉，所以他会规划出一个不太合理的空间形态或者建筑造型，让后面的建筑设计很难实现。到了施工层面又是有缺陷的，缺陷是传统建造技术不够扎实，对整体规划的理解不够透彻，所以经常会为了方便施工就改变规划设计的想法。现在有些建筑师由于自己能力不强，不懂施工也不会专项的营造技艺，建造中出现的问题还是挺多的。在我的经验里面，只要做项目就要抓规划设计和施工，中间环节可以放松点，找个其他建筑师来参与都行，但是施工我要亲自管。

但是，现在整个体制里面存在一些不利因素，就像施工招标时最低价竞标，这个是最不好的。有些特殊营造技艺的东西，不可以这样随便招标。最普通的东西可以招标，最高级的东西怎么能光论价格呢？要是在施工这步前功尽弃，前面那么多

不同材料建造的建筑的美学

图片来源：赵辰提供

程序又有什么意义呢？我们经常参与很多项目的评审过程，从一开始就有很多领导参与，到了最后的施工"掉链子"，我觉得真是可惜。

此外，学校里面的教学也应该让所有做规划设计专业的人必须重视最后的施工。如果不懂施工的人，不能随便参与重要的工程，我们看到过很多这种不成功的例子，就觉得很遗憾。

当前传统营造技艺活化传承面临很多问题

当前传统营造技艺活化传承面临很多问题。

第一是社会的机制问题。需要对这一类项目制定特定的标准规范。现在，在设计施工层面规范总体来讲是有的，比如设计费收费标准、评价标准、施工规范等，但是不全，还要继续深化。工程的评价标准不能简单招标，因为这样会抹杀有能力的工匠。我碰到过很多工匠，他们的传统营造技艺是挺好的，但是他们在经营方面并不擅长，所以他们要去跟人家招投标竞争必败无疑。

我在贵州曾看到，他们做鼓楼要招标，鼓楼工匠连图都不会画，招投标肯定要输，那没办法他们就请一帮装修公司帮他们画图。这是很可笑的，但是幸亏他们还中标了。其实投标在建筑设计层面和规划设计层面，要求是要有好的想法，不是什么最低价竞标。但是对于历史文化街区的保护来讲，最重要

自然材料的建造

图片来源：赵辰提供

人工材料的建造

图片来源：赵辰提供

的不见得是好的想法，而是你对它是否研究到位、是否理解它、怎么去保护它。

第二是在管理上的问题。应该吸取经验教训，改变落后的、僵化的评价机制。还有很多层面可以做，包括规划设计、施工，比如说有一个跟营造技艺有关的问题非常明显，就是营造技艺要做得比较严格造价肯定很高，这个差别不是简单的标准可以算出来的，有时候是多少倍往上翻。因为人工贵，而且这个人工不是一般的人工，一个特别的工匠不是很容易找来的，他要为你这件事费很多时间做，这个价格要怎么算？那问题来了：什么样的项目在这个地方值得这么做呢？这个最后就需要有一个价值判断，这个是很难的。我刚才谈到有些问题是完全属于管理层面的，因为我们做建筑设计规划的人，是没有能力到那个领域去说话的，基本上是一个被动接受，因此希望在社会层面和管理层面有一些思考。

第三是媒体引导问题。我们的媒体报道水平和关注点是很落后的。他们只对感兴趣的地方进行爆料，喜欢爆一些耸人听闻的事情。比如说我做一座历史建筑，做完了开张的时候肯定得报道。但是反过来讲，假如说我做的时候被哪个市长骂了，他只会去报道那个市长怎么骂的，其他的他不会管。那我这个过程当中有什么艰辛，我思考多少问题，有人会去报道吗？因为对他来讲设计的问题很难写，他需要下功夫把我那些东西都看懂，但其实我们这种工作不是简单几个小时能理解清楚的。

某文化街区今天开张，就跟报道某一个哈根达斯店开张是差不多的，这个就是媒体的引导有问题。如果要批评这个东西对或不对，他必须能说到点子上。我们的媒体没多少人能讲到点子上，因为他不懂。媒体是很重要的，不同专业领域之间

| 以木材为主的自然材料
图片来源：赵辰提供

的沟通就靠媒体。所以这方面也是需要改进的，我也经常跟媒体打交道，反正好的经验不多。我也跟一些发达国家的媒体打过交道，比如说《华盛顿邮报》专栏采访过我，我发现这些人相当厉害。他是有做功课的，他提的问题我就知道他有到这个程度，因为没做过功课，就只能提简单的问题。

参考文献

[1] 马晓，周学鹰.地域建筑的文化解读——南京"九十九间半"[J].华中建筑，2012，30（1）：176-181.

从地域工艺体系发展中认知传承

董 卫

作者简介：

董卫，东南大学建筑学院教授、博士生导师，东南大学城市与建筑遗产保护教育部重点实验室主任，中国城市规划学会理事，中国城市规划学会规划历史与理论学术委员会主任委员，联合国教科文组织文化资源管理教席教授。

董卫教授先后主持"社会转型中的历史街区保护理论与方法"等国家自然科学基金项目，主持规划设计工程十余项，获住房和城乡建设部及省级优秀规划设计奖两项。

历史悠久、类型多样、因水而兴是江苏传统营造技艺的突出特点

　　江苏传统建筑营造技艺是非常有特点的，主要表现在三个方面：一是江苏的传统工艺出现得非常早，建造历史悠久。比如在苏北泗洪县境内发现的顺山集新石器时期遗址，出土了距今8200多年前用的红陶器物，这是迄今为止江苏境内发现的最早的陶土产品。这种红陶制品对研究该地区制陶工艺的发展，包括砖陶工艺的演化都有着十分重要的意义。

　　二是江苏古代营造技艺的类型多、分布广。从今天的考古发掘情况看，苏南和苏北地区存在一系列的新石器时代文化遗存，包括墓葬和聚落建筑遗址。从这些早期人类聚落遗址的

| 圜底釜是顺山集文化
最具特色的陶器

图片来源：董卫提供

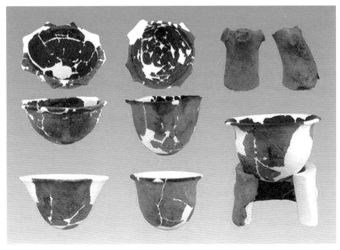

| 顺山集新石器时代遗
址二期遗存的陶器

图片来源：董卫提供

分布可以看到江苏古代遗迹有分布广、数量多、类型全的特点，这是江苏传统技艺一个非常重要的起源。与浙江、湖北等其他省份有所不同，从江苏全域范围看，早期城镇发展是比较均质的。在地形和区位等因素作用下，江苏境内形成了不同的文化圈，其中苏北文化与山东比较相似；苏南地区衍生出相对独立的太湖文化；以扬州、镇江为典型形成长江——运河多元化的亚文化类型。这些非常独特的地方文化系列催生出特色明显的地方性城乡体系及其传统工艺体系。

三是江苏传统技艺发展与水的关系密切。江苏的地形地貌以平原和低山丘陵为主，水网广泛，河湖沟渠非常密集，是全国水系最密最多的一个省份。从区位上看，江苏是东西南北交汇之处，再加上水运发达，交通便利，促进了不同文化之间

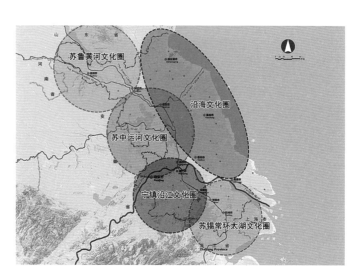

| 江苏亚文化区分布图
　图片来源：董卫提供

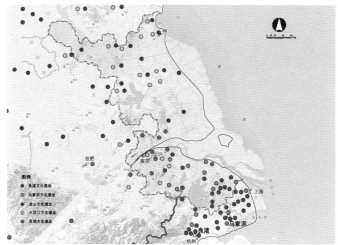

| 江苏新石器时期人类
聚落分布图
　图片来源：董卫提供

的交流，也促进了传统工艺的发展。特别是战国至隋唐时期运河系统的开掘使用，成为江苏一个很重要的优势。从隋代开始，大运河交通体系的全面发展使沿线上的城市乡村获得了新的发展机遇，江苏也成为国家的南北交通枢纽，这是历史赋予江苏的重要使命。江苏的运河体系包括多条东西向河流，形成依托运河主航道、向海而生的发展态势。所以，要了解大运河对于江苏的意义和价值，需要将南北向的主航道与多条东西向支流关联起来予以理解。这种树状水系将很多城镇乡村沟通起来，几乎覆盖江苏全境，构成江苏城乡发展的环境基质。从历史的角度看，大运河系统的发展不仅保证了中国南北之间的联通，还明显强化了江苏东西之间的交流。东晋以后，不管是苏北的徐州地区还是苏南的苏州地区都发展出特殊的传统技艺，有力促进了江苏传统建筑模式的发展，建造工艺逐步形成了和而不同的总体特征。

苏州金砖产品 1

图片来源：董卫提供

苏州金砖产品 2

图片来源：董卫提供

经济技术的发展提升了江苏建筑文化的影响力

从江苏建筑文化对全国的影响来看，在汉代和明清时期的影响力较大，这与当时江苏的经济文化和技术发展是密切相关的。汉代是江苏第一个大规模城市化发展的时期，尽管当时江苏的城市总体上还不如中原发达，但城乡经济能力已相当强大。据《汉书·卷三十五·荆燕吴传第五》："吴有豫章郡铜山，即招致天下亡命者盗铸钱，东煮海水为盐，以故无赋，国用饶足。" 吴王刘濞在江苏开展的铸铁、煮盐等生产活动促进了经济发展，也推进了城镇与乡村的建设，将沿海地区与扬州、徐州等内陆城市紧密关联起来，奠定了江苏城乡结构的历史基础。到明清时期，随着整个大运河系统的进一步完善和农业、盐业、茶业、运输业等产业的发展，使得江苏城镇出现一种新的态势，许多城镇得以更新重建，同时涌现出一些新的城镇与乡村。现在我们看到的江苏城镇空间形态及其古建筑大多不早于明清时代。

苏州金砖砖窑

图片来源：董卫提供

此外，由于江苏的传统工艺十分发达，对周边地区也产生了一定影响。例如，北京官式建筑在历史上也受到了江苏工匠及其建筑工艺的影响，并由此产生了一个传承悠久的建筑流派——香山帮。故宫里的金砖等建材很多产自江苏，这些建材的使用也对其他地方的建造文化产生了很大的影响，这些都得益于江苏经济技术的发展。

经济快速发展带来了古村落消逝的问题

整体来看，江苏城市里的遗产和技艺保护情况比较好，但是有一个很大的缺憾就是江苏的传统乡村消失得比较快。改革开放以来，江苏经济发展一直走在全国前列，很多乡村在改革开放初期就得到改造更新，现在真正完整遗留下来的历史村落比较少，有的只保存了一点历史片段。传统村落改造更新的速度比较快可以说是江苏的一个历史特点。如果从历史的角度将城乡空间形态与经济发展结合起来考虑，也许可以说明在历史上江苏城乡改造更新的速率就比其他地方稍快一些，这样才能解释为什么长期以来江苏的传统建筑一直被作为周边地区效仿的典范。从宋元市镇、明清园林到"粉墙黛瓦"的建筑模式及其相关工艺做法，江苏不断为全国树立起一个又一个学习和模仿的样板。这段历史启发我们，今天的江苏如何在充分借鉴历史经验的基础上，发展出符合时代要求的新的乡村建造体系，新的工艺做法和新的管理体系。

| 同里古镇（改造后的传统乡村）
图片来源：董卫提供

| 锦溪古镇（改造后的传统乡村）
图片来源：董卫提供

显而易见，传统建造方式与今天的完全不同，过去的乡村改造是建立在既有建造系统和传统工艺基础上的，即使在短时间内在一个乡村里出现许多新建筑，也不会产生现代城乡中常见的"新旧不搭"的问题。这些问题在很大程度上是由于现代建造系统的改变与传统建筑形态在体系上的不匹配造成的。正因为如此，我们现在看到的一些传统村落和建筑群的样貌，只能说它们的格局还在，但形态已经发生了不同程度的改变。

应该将建筑技艺置于整个传统工艺体系里去保护和传承

江苏在传统营造技艺传承方面做得非常好。从政府到民间都对历史文化保护传承很重视，特别在工艺传承这方面在全国也是比较领先的，如香山帮或其他手工艺的传承都做得非常优秀。更为宝贵的是，江苏还存在一大批工匠、艺人，这为江苏未来传统工艺的传承发展和研究提供了良好的基础。

建筑技艺的传承问题不应孤立地考虑，而应把它放在传统工艺整体系统中去理解，这样就比较好处理相关工艺之间的关联性问题。从这个角度看，江苏的传统工艺非常发达，在全国处于领先水平。其特点是，传统手工艺是一批一批的、成组成群地传承下来的，如云锦、金箔、纺织、印刷术等作坊都很齐全，这方面的工艺传承也都很齐全。如果从组群的角度去研究传统工艺传承就比较容易把这些工艺关联起来，这在以前做

| 盐城盐都乡（新建乡村）

图片来源：董卫提供

| 徐州汉王镇南望村（新建乡村）

图片来源：董卫提供

| 云锦图案

图片来源：董卫提供

| 金箔图案

图片来源：董卫提供

| 扬州漆器

图片来源：董卫提供

得是不够的。以前只是从单个技艺的角度去看，建筑就是建筑，云锦就是云锦，纺织就是纺织，其实不是这样，它们是一个系统，都是传统智慧遗留下来的东西，假如把这些工匠传承的方式能够放到一起去做研究或探讨，我认为可能会找出一些新的工艺传承路径。

营造技艺的保护传承需要政府、非政府组织、专业建筑师的共同努力

从世界的角度来看，大家都很重视营造技艺的传承与保护，不过各地的情况有所不同，中国也是近10年左右，才慢慢开始强调营造技艺的传承。以前是一些自下而上的、小规模的，现在是自上而下、大规模的，由政府来抓这个事情，中国的体制决定了可以由强大的国家力量来推进文化遗产的保护传承。

我最近这几年和民间非政府组织合作比较多，这些非政府组织很专业，他们研究的点可能很小，但是会做得非常深。在国外，往往通过一些专业机构或者专业的组织，去做营造技艺的传承工作。因为营造技艺传承最关键的方面是要持续下去，可能要十年、二十年一直做下去，不能做两年不做了，传统工艺是跟人相关的，没有人这个工艺就失传了，只有持续下

| 扬州徐园建筑

图片来源：董卫提供

作为 2019 年中老旅游年项目，老挝中国文化中心与老挝手工艺协会于 8 月 3-7 日在万象共同举办中老竹编文化及竹编工艺交流培训班

图片来源：董卫提供

印尼传统萨满舞或"千手舞"于 2011 年被列为世界非物质文化遗产。当地学者时常组织培训班来传承这种非物质文化遗产

图片来源：董卫提供

越南始祖雄王忌日暨雄王庙会（农历三月初十），设于越南富寿省义领峰的雄王庙国家特殊历史遗迹区每年举行敬香仪式缅怀十八代雄王（2012 年，越南雄王祭祀信仰列入世界非物质文化遗产）。

图片来源：董卫提供

孟加拉锡尔赫特传统
印度教舞蹈

图片来源：董卫提供

缅甸曼德勒传统竹编
建筑与工艺品

图片来源：董卫提供

去才能做好。比如，在东南亚我们经常可以看到工作坊的形
式，就是一个专业的人士或者是建筑师以非政府组织的方式
召集一批工匠来开展培训班传授他的工艺，并招一批学生跟
这个工匠去学，这种方式比较普遍。这几年当地政府也很重
视这方面的工作，想把这些活动体系化。这种体系包含了纺
织技艺的传承、木工技艺的传承和砖瓦工艺的传承等，这种
传承发展的方式跟地方文化结合，规模不大，是东南亚地区
一个很重要的特点。

工作坊培训的内容是建筑师关注的方面，招的学生主要
是小工匠而不是大学生，要有一定的工作基础。这些工作坊是
民间的，能够形成一种民间的专业网络，这样工作效率会提
高，同时影响力也会不断扩大。主持建筑师作为专业工作者，
可以把这些老工匠的技艺记录下来，看看能不能把它再优化一
下。建造工具也在慢慢改良，以前使用的是一些粗犷的传统建

造工具，现在越来越多地使用新工具，这也是一个争议点。有些人不太赞同这种方式，主张使用传统工具，传统工具对于小规模建筑建造是可行的，而对于大量的建筑修复建造就比较难，因为效率太低，成本太高。

我觉得建筑师应该学习传统营造技艺。现在好多的特色小镇、美丽乡村其实做得很糟糕，就是因为建筑师不懂传统文化，简单地把城市的做法搬到乡村去，结果乡村本来的特色反而消失了。本来一个很好的村子，整治之后跟城市没有区别。乡村有乡村的文化，文化一定要有地方性，建筑师要有这种概念才行。有的建筑师没有这种概念，只是一心想建设得"漂亮"一点，结果把传统文化丢掉了，很可惜。

历史街区、历史建筑的修复应注重地方性和延续性

历史街区保护与发展关注的是一种地方性文化的传承，而且这种地方性不是通过一两栋房子体现出来的，要用整个街区来体现。这就要求在保护过程中要有一个非常好的施工队伍

浙江乐清市南阁村主街

图片来源：董卫提供

浙江乐清市南阁村民居入口

图片来源：董卫提供

浙江乐清市南阁村传统铺屋

图片来源：董卫提供

进行把控，否则的话具有地方文化特色的建筑做法是不能贯彻到底的。应当尽量让地方团队来做施工，他们更了解地方的传统做法是什么，有什么意义，为什么要做，这些是他们的优势。

历史街区保护修复工程的延续性也非常重要。通过街区的持续性保护改造工程，让地方工匠和队伍能够存活下去并不断提高自己的技艺。从历史的角度看，地方工匠和队伍的规模和品质与街区形成了一种联动的、持续性的契合关系。

我以前在浙江做过一个有400多个院落的村子，根据历史数据和当地人的口述，这个村落基本上平均每年有7～8栋房子要维修，我觉得这就是一个非常好的契机，可以养活一支地方队伍。每年有7～8栋房子去修，就至少可以保持一个6～7人的队伍长期有事做，这就为可持续的乡村保护提供了条件。修房子所需木材的来源也应提前规划，我们通过建筑测绘计算出每个院子每年需要10～20方的木材，从而估算出每年需要木材的总量。据此特别规划了一个专用林地，再按照地方建设用树种的生长周期算出所需林地面积，每年随砍随种，形成可持续的林地维护模式。通过小小一块林地就可以支撑乡村长期的建设用材，甚至可以为周边传统乡村提供材料和工匠支持。当时就是这样把项目和材料绑在一起考虑，形成了一个可持续的良性发展循环。只要工匠一直有活干，他的技艺水平就会不断提高，而且会代代传承下去。

传统营造技艺的应用需要因地而异、因需而异

传统营造技艺是可以融合到现在的建造体系中，关键看建造目的是什么。如果纯粹从保护的角度来讲，要求原汁原味，那当然是使用成套的传统技艺，越纯粹越好，但是这种方式只适用于传统文化的保护传承，不会变成一种普遍性的建造方式。

传统工艺当然需要有人去学，有人去用，但是真正建房子或修房子的时候，这种使用的途径会因地区而异。如果是在一些比较偏远的乡村，还是需要用传统的工具来建造，但在大多数情况下，应当使用电动工具。对于建筑上的一些精细的建筑构件，可以用新的工具来做一个胚子，在最关键的部分和细节处理上，再手工去雕刻，这样至少从外表来看还是纯手工的，还节约了大量时间和成本。比如，大梁、斗栱可以用机器去做，因为都是直线所以这个比较简单，到了雕刻这一块还是得靠手工去做，将来也可能会被机器取代，比如现在 3D 打印技术可以做到雕刻非常精细，但成本太高。我在泉州做民居保护研究的时候，当地工匠虽然还是用纯木构施工，但大木作基本上用电动工具，电动工具效率高，到小木作的时候基本上是用手工。这说明工具的使用与工艺程序相关。

历史街区保护修缮中也会根据不同建筑类型、使用功能采取不同建筑工艺。比如说文物建筑肯定是用传统材料与工艺，对于历史建筑当然也是用传统木结构来做，在一定条件下也可以采取现代技术进行加固。历史建筑类型比较多，有的需要对建筑结构进行加固，这种加固可能就需要一些新材料、新做法，包括加入一些钢梁或钢丝网的做法。

传统村落中历史建筑的保护利用要平衡发展。不能只是把老房子放在那，关键还要把它用起来，满足现在生活的需要，这样老房子才能真正得到保护。像我以前在宁波做的一个项目，很多传统民居存在一个很大的问题，即保温隔热和隔音不行。两层楼之间的楼板都很薄，只有 1、2 公分厚，在上面一走灰就掉下来了。我们的做法就是把保温隔热层板加上去，房屋外立面不变，墙内保温层做好后，内墙面用木饰面装饰遮挡住保温层，这样房屋里里外外看起来还是木构。在楼板底下也做了一层隔音层后，外面再做一层板遮挡隔音层。这样房子还是老房子，但是它的物理性能会得到很大的提升。把屋面、保温层、防水完善起来，这样老房子基本可以用起来，而且能耗能够满足现在的节能标准，实用性提高了。

此外，建筑内部的布局也可以进行一些改善，适应现代的一些需求。以前房子的尺寸要小一点，现在一些大的家具都进不去，所以要对房屋里面做一些必要的调整，例如以前的两间并成一间，具体就要看使用者的需求，在保护的前提下尽量满足现代使用要求。

建筑师和工匠需要相互协作、相互学习

为保证历史建筑或街区修复能够延续历史文脉，规划、设计、施工等不同环节要形成一个整体。建筑师和工匠需要进行协作，在施工时，工匠看到图纸不正确或不完善，就需要与建筑师进行沟通。有些图纸画完之后我们认为很精细，但工匠可能会觉得还不够精细或是根本没必要，这就需要在二者之间形成一种融合的关系。对建筑师来说，通过与工匠的沟通，以后就知道哪些图纸不用画，哪些图可以画得更细一点。这种合作方式也是一种相互学习的过程。

研究机构的参与可以帮助工匠总结和提高传统技艺

不同的地方有不同的特点、不同的文化，工艺做法及施工程序也不尽相同。这就要求我们开展系统性的研究，把不同地方在工艺和施工上的做法收集归类起来，再进行一定的分析归类，形成数据库。从全省的角度来讲，东西南北各地的做法也会有一些微差，包括建筑大小、砖瓦尺寸也都会有一些不同，要研究这种不同是由于砖窑的工艺问题、材料的问题，还是传统做法、家具陈设或生活方式的问题，把这些问题弄清楚了，才能知道一种工艺或做法的由来，才能更好地保护它、传承它。

我认为要对江苏历史街区和历史建筑有一个摸底、调查的过程，各个地方的街区的修复工作由谁来做的、品质如何，需要有一个评估鉴定方法。施工队伍不能都是零散的小工坊，现代化的施工公司也可以作为一种传承团体，条件就是其必须掌握传统工艺，这样就便于采用集约化的工作方式。目前项目招投标方式的弊病太多，使得传统匠人的工作缺乏保障。政府应该有意识培养、扶持一些传统工匠，为他们提供持续工作的基本条件，这样工匠们才能一代一代地将传统工艺传承下去。如果一个工匠在项目中做得有瑕疵，政府部门可以通过论证分析帮助他提高技艺，他下一次就会提高水平，而不能因为这个瑕疵，下一次就不让他干了。所以工艺传承说到底是要落实到人，传统工艺传承过程就是对人的培养过程。

同时，专业机构也可以和工匠们进行合作，一方面去学习一些地方经验，另一方面对传承的工艺进行总结提高，把传统工艺整理记录下来，研究在新的条件下如何保护传承这些传统工艺。一般的传统工匠可能知道怎么去做，但他可能搞不清楚为什么要这样做，他们的理论水平有限，这就需要有研究能力的机构去跟踪和整理。当然这也需要政府部门的支持。

政府应建立信息平台，增加工匠就业机会

目前，我们传统营造技艺传承面临的最主要的问题是制度问题，实际上就是制度的设计。过去工匠的生存方式往往要依赖于他所在地区的建筑信息网络（如通过庙会或节庆活动），从而知道哪个村子哪个人什么时候要盖房子。这是一种传统工艺传承的制度条件，也会影响到师徒传承的方式。现在对传统工匠来说这个信息源基本不存在了，建设信息掌控在政府部门和开发商手里，工匠是被动的去听召唤，他没办法去积极、主动地用传统的方式寻找工作。对这些传统工匠来说，关键是生存问题。没有实际项目，工艺是没法传承的，一定要让工匠有事做、有饭吃。建议政府建立一个网上平台，形成一个信息网络，让工匠们知道什么时候在哪里会有什么事情做，这样就可以增加他的就业机会，为他们更好地提供发挥专长的空间，才会有人愿意去学去用这些传统技艺。

同时，我们也需要研究江苏不同的区域有多少传统工艺传承人，传承人一定不能是孤零零的一、两个人。以前，我在贵州调研时了解到，为保护作为非物质文化遗产的侗族大歌，当地政府或出于财政方面的考虑，或出于管理方便的角度考虑，只认定了少量传承人。但本来大歌是以合唱方式来表现的，现在只有寥寥几个传承人，反而引起内部矛盾，其他人有意见就不愿唱了，这就使侗族大歌的传承遇到难题。建筑工艺传承也是同样道理，一个人是干不了所有工作的，需要很多人配合，瓦匠、木匠、泥匠等缺一不可。建房子是一个系统工程，要把成批的传承人系统组织起来。历史上的香山帮就是靠群体的力量才得以长期生存发展，这个经验值得借鉴。

城市历史文化保护视角下的传统技艺传承

叶斌

图片来源：程恺摄

作者简介：

叶斌，注册城市规划师，研究员级高级城市规划师，中国城市规划学会常务理事。曾任职于江苏省城乡规划设计研究院、江苏省建设委员会、南京市规划局，现任南京市规划和自然资源局局长。

叶斌局长长期从事城市规划编制和实施管理工作，规划理论基础较扎实，知识面较宽，有良好的专业经历，实践经验丰富。对城市规划规划编制和组织、历史文化名城保护、城市规划信息化等方面有一定研究。主持的多项规划设计和规划信息化项目获得部省规划设计奖项。

传承传统营造技艺对于确立城市文化自信意义重大

从城市规划角度来看，传统营造技艺传承工作对历史文化名城有非常重大的意义。改革开放四十年，中国在以最快的城镇化速度向现代化迈进，与此同时，城市大量的历史文化信息在丢失：历史街区、历史地段在消亡，历史建筑、传统建造工艺在消逝。因此，我们讲文化自信，除了书面的记载，我们应该有物质形态的传承，将文化呈现在城市空间中。如何传承是非常大的挑战！

从某种角度上看，城市文化自信体现在城市中的不可移动文物、历史建筑上，体现在传统空间中。但这些物质的建筑和空间是有寿命的，在强调保护的同时，要修缮，要使这些城市文化遗产延年益寿。在修缮过程中，我们发现真正能做到原汁原味符合当地的建筑材料、传统的营造技艺，体现当地建筑特色的保护工程并不多。如何真实地传承包括建筑文化在内的城市历史文化，是非常重要的命题。城市发展本身是有基因的，传统营造工艺就是一种基因。通过这一基因，可以传承城市历史文化特色，形成当代的城市特色，应该是高质量发展背景下城市规划建设工作的重点。

所以说，通过传承传统营造技艺，修缮和更新我们历史城区、历史地段、历史文化街区、历史建筑和不可移动文物，保持地域传统建筑的真实性，这个工作的意义非常重大。

历史文化名城的城市整体风貌与各个传统建筑的特有风貌互为补充，是一个有机的整体

规划部门更多的是以城市为对象开展工作的。但是，包括传统建筑在内的建筑个体是构成城市整体的重要元素，也是规划部门重点关注的工作内容。南京市规划局一直以高度的历史责任感，重视历史文化名城保护工作。

第一，我们对南京古城的地位和价值有比较清醒的认识。南京是中国最重要的四大古都之一，在南京历史文化名城保护规划中，我们明确了"中华文化重要枢纽、南方都城杰出代表、具有国际影响的历史文化名城"的保护目标；传承好城市的历史文化特征，体现古都南京在中国城市建设史、建筑史、园林史的地位，当代南京人应该有特殊的使命和担当。

第二，我们在城市总体规划和历史文化名城保护规划上，非常注重历史文化本底的保护。一个历史文化名城的城市整体风貌与单个地段、单体建筑特有风貌是互为补充的，是一个有机的整体。在古都的整体保护方面：一是保护好作为一个古都立都之本的山水格局。保护周边的自然地理环境，并对中间的古镇、古村逐一调查，对有

价值的古镇村申报为南京的古镇古村、省级的或国家级的名镇名村。二是保护古都建成区的格局。主要保护比较重大的三个时代的轴线，包括六朝建康城、明代皇城、民国首都建设时期的重要轴线。把这些格局保护下来，南京古都两千五百年古都格局就清晰了。三是加强历史城区的保护。我们划定了在南京明城墙内的历史范围相对清晰、反映不同时期的风貌特征、将需要特别保护控制的地区划为历史城区。我们希望通过历史城区的保护，把古都的特征能够反应得更加明确。在历史城区划定之后，我们又在南京市寻找历史地段，公布十二片历史文化街区和二十二片历史风貌区，通过不同的规划手段，在中观尺度上，传承古都南京的风貌特色。

第三，在微观层面加大文物和历史建筑的保护。一方面，对于不可移动文物，文物部门会同规划部门进行了不可移动文物的普查，并分级公布，划定保护范围和建设控制地带，编制单项文物的保护规划。另一方面，由规划部门牵头，加大历史建筑的普查建库和公布工作。虽然南京市在 2006 年前就开展了民国建筑的普查，颁布了《南京市重要近现代建筑与重要近现代风貌区的保护条例》，但我们对历史建筑保护的意识仍然需要进一步提高。国务院公布《历史文化名城名镇名村保护条例》后，南京

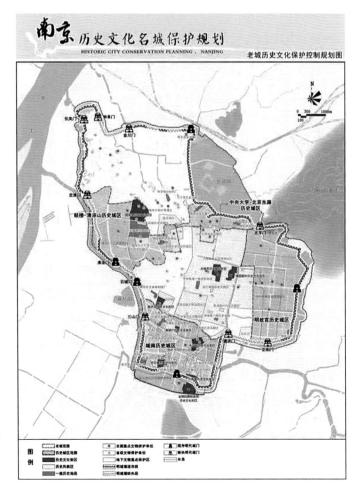

南京历史文化名城保护规划图

图片来源：叶斌提供

除了近现代建筑以外，近几年分别对工业遗产和明、清时期建筑等进行了大规模的普查登记。市政府已分两批公布了近三百处历史建筑。

通过对南京古都整体格局的保护以及对历史城区、历史地段的保护，使得单个保护和修缮的古建筑能够在整个大的城市背景中呈现，营造古都的整体风貌。同时，又把不可移动文物和历史建筑作为这个本底上面的特色建筑，这样两方面互为促进，我们的传统城市和建筑文化就保护下来了。

完善技术导则和修缮标准，为南京历史建筑的修缮提供技术指引

上述保护对象确立后，不可移动文物和历史建筑的修缮以及如何修缮就必须提到议事日程上。改革开放后，包括文物、历史建筑的修缮呈现两个问题：一方面，对于修缮类的工程缺少总结，造成设计师们对传统建筑整体修缮的标准、形制、技术细节缺乏参考标准；另一方面，熟悉当地传统工艺的匠师非常缺乏。现在招募来的有些是苏州、安徽的工匠，会以自己当地做法来做南京历史建筑的修缮工程，或是用现代的技术来修民国建筑，造成有些历史建筑修成了"四不像"。

南京市规划局

南京城南历史城区传统建筑保护修缮技术图集

图片来源：叶斌提供

因此，南京市近年来开展了两个课题研究，对历史建筑的修缮工作进行相应的技术总结与储备，试图建立一套技术标准，供修缮设计和施工参考和依据：一是出版了对民国建筑及近代建筑修缮的一本技术导则，这本导则重点是针对以砖混、钢筋混凝土为代表的近代建筑的修缮问题；二是对量大面广的明、清时期的木构建筑进行了相应的梳理，木构建筑从基础、梁架、屋顶、窗户、台基以及结构上面的举架等方面内容，发布了明清南京木构修缮的修缮技术指引。

南京近现代建筑修缮技术指南

图片来源：叶斌提供

从最近我们所做的工作来看，两本修缮技术指引（导则）起到了比较好的效果。社会上评价，历史建筑的修缮"地道了"。

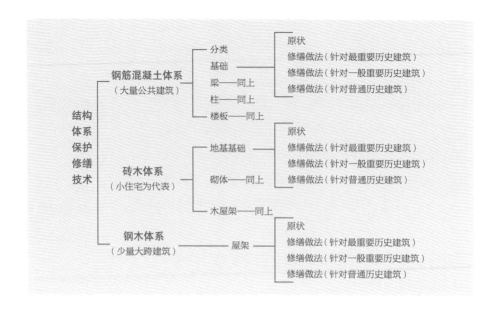

```
                                              ┌── 原状
                          ┌── 分类            ├── 修缮做法（针对最重要历史建筑）
                          ├── 基础 ──────────┤── 修缮做法（针对一般重要历史建筑）
          钢筋混凝土体系   ├── 梁——同上        └── 修缮做法（针对普通历史建筑）
          （大量公共建筑） ├── 柱——同上
                          └── 楼板——同上
  结构
  体系                                         ┌── 原状
  保护                    ┌── 地基基础 ────────├── 修缮做法（针对最重要历史建筑）
  修缮      砖木体系       │                    ├── 修缮做法（针对一般重要历史建筑）
  技术      （小住宅为代表）├── 砌体——同上       └── 修缮做法（针对普通历史建筑）
                          └── 木屋架——同上
                                              ┌── 原状
          钢木体系                             ├── 修缮做法（针对最重要历史建筑）
          （少量大跨建筑）  ──── 屋架 ─────────├── 修缮做法（针对一般重要历史建筑）
                                              └── 修缮做法（针对普通历史建筑）
```

结构体系保护修缮
技术
图片来源：叶斌提供

需要在历史建筑、历史街区的保护修缮实践中不断积累经验

从南京市规划局组织实施的历史街区、历史建筑保护修缮工作看，还是有一些成效的。目前来看，修缮得比较好的建筑主要是两大类：一类是以民国建筑为代表的近现代建筑，比如南京金陵机器制造局，现在是 1865 文化创意园区；另一类是明清的历史街区，比如南京老门东历史文化街区的修缮还是有可汲取的经验的，这些是近年来修复的。再往前，就是东南大学朱光亚教授在 20 年前组织修缮的甘熙故居，它位于历史文化街区，同时也是国家重点文物保护单位。甘熙故居的修缮总体上符合传统技艺和南京的建筑形制，也是目前使用得比较好的。我认为，南京对于这两类历史建筑、历史街区修缮工作的措施、方法乃至标准都是比较好的，可以说总体上保存了历史文化的真实性。我们在近期的工作推动中，都是要求历史建筑、历史街区所在的区政府和有关责任主体能够对照这种修缮的方法，而不是简单地做一个像"旧"的建筑出来就可以。

我认为，经典的修复项目有两方面值得借鉴：一是在设计阶段，需要设计师准确把握历史建筑特征和传统城市文化精神。设计师能不能对传统的城市文化精神、特定时期的建筑特征有一个准确把握，直接关系到修缮工作的成败。比如南京金

陵机器制造局的修缮是齐康院士牵头，对南京近代历史文化、建筑特征的把握是非常准确的，加之施工工艺忠实于设计方案，材料反映近代的材料特点，所以呈现出来的效果就很好。二是在实施阶段，需要找对工匠。设计得再好，都需要有人把它做出来，展示出来，因此，负责修缮的施工单位以及他们所聘请的工匠们就是另一个非常重要的因素。选用的工匠需要非常了解南京当地的建筑做法及建筑特征，才能保证修出来的效果。

传统建筑修缮工作需要创立新的制度

今天的传统建筑修缮工作，既要适应快速城镇化的背景，也要满足高质量发展的要求，同时还要满足依法行政等严格的法制环境要求。第一，做好传统建筑的修缮需要制度转型、制度创新。比如，在城市更新过程中，对于历史地段应当采取什么样的土地制度？按照现行土地法，只要是经营性用地，都应该"招拍挂"，而且要净地出让。那么历史地段内尤其是历史风貌区内，如果转型作为经营场所是不是一定要"招拍挂"？"招拍挂"是不是一定要净地出让？如果不净地出让，那么这些历史建筑和文物建筑应该如何处理？无论大规模的改造还是小规模的渐进式的更新，怎么来置换土地使用权、怎么让原有业主能够以更积极的态度来对传统建筑进行保护和利用，以及如何吸引社会资本来参与历史街区的更新改造等，在制度层面上还有很多工作要做。第二，需要完善相应的技术规范。必须把原有的以适应大规模新城建设、新区建设的这一系列的技术标准规范，根据新的城市更新和历史地段保护的要求进行修改，要建立新的一套规则。比如，新建建筑的消防与传统建筑要求不同；新建的地区污水管与煤气管都有安全距离要求，明清建筑没有抽水马桶、没有煤气灶，在这些历史的街巷上面我们怎么把这些现代生活必须的管道等配套设施妥善安排进去，都需要建立新的技术准则。第三，历史建筑的修缮是否一定要满足当代标准？现在强调节能环保，但是这批老旧房子的节能改造是非常大的问题。因此，我们在修缮过程中应该以什么样的新材料和新工艺去适应老旧建筑，如何保证历史建筑的"真实性"等等。第四，历史建筑的修缮是否一定采取目前的施工招投标制度？以上的这些，我觉得是目前我们在规划管理过程中面临的挑战。我们要进行新的改革，创立新的制度，建立新的技术标准。

对传统营造技艺的重视引发了我对名城名村保护工作的美好憧憬

在经济建设高速增长时期，大量历史地段、历史建筑快速消亡的现象将会切实得到制止。曾经为了发展，像推土机一样推老城的现象会得到遏制，能够代表南京灿烂历史文化的地段会不断地涌现。同时，通过我们的修缮、保护和合理利用，使得能够代表中国灿烂文化的历史地段不断得到保护，更多的文化内涵被彰显。未来南京的历史地段，将既展现出历史风貌，又剥去一些不适宜的元素，同时又能适应当代生活，与当下的全域旅游等产业发展互为促进。

在保护与修缮设计专业上将会有更多高水平人才不断涌现。在现行的高校专业设置体系中，有关于历史建筑修缮的专业很少，目前大量参与保护设计、修缮设计的建筑师和规划师实际上并没有得到非常系统、专业的良好训练。我相信，未来在高校，尤其是研究生阶段，将会有新的专业和新的学位类型，这个专业将有更多的历史保护课程学习和训练；另一个方面，作为传统营造技艺传承人的工匠，也会接受更加好的教育和培训，既有师傅的传承又有当代建筑学、历史文化、园林方面的专业的学习和训练，这是一批复合型的匠师，他们既看得懂图，也擅长传统技艺。所以这一方面的高等职业教育在这方面可能会有一个蓬勃的发展。这批匠师应该受人尊敬、收入较高，而不仅仅是传统意义上的木匠、泥瓦匠。

城市历史街区、历史建筑的保护和修缮水平大幅度提高，历史建筑凸显地方特色，更加具有真实性。表现在既符合地区总体建筑特征，又同时反映那个特殊时代的建造工艺。四不像、工艺水准低劣的建筑修缮现象，将随着社会进步而逐渐减少。

与城市微更新相配套、相适应的法规、制度和技术标准逐渐建立完善。制度的保障可能比单个工匠的培养和单个设计师专业设计能力的提高更加有意义。

传统营造技艺的传承之路任重道远

——

陆耀祖

图片来源：陆耀祖提供

作者简介：

陆耀祖，传统营造技艺国家级代表性传承人。

陆耀祖大师师从沈椿发（木工），承建了灵岩山钟楼、寒山寺修复、民治路皇宫修复、北塔公园建造等项目。主持了文笔塔修复、曲园修复、天平山乐天楼建筑群重建，日本齐芳亭、新加坡藕香园、美国兰苏园、苏州环城绿带等重大项目的施工建设。主编了住房和城乡建设部颁发的职业技术标准《古建木工》，参与编写了《苏州古典园林营造录》《古建园林施工技术》《古建筑修建工程施工及验收规范》等书籍。获得了美国波特兰市市长颁发的安全模范奖、苏州园林局授予的先进个人称号、苏州市特别贡献奖（环城绿带项目）等荣誉。

出生于木作世家

太平天国年间，天下大乱，我的前六代的男祖宗不幸遇难，女祖宗便带着女儿从江阴逃到了苏州香山，在小横山村造了几间房子安顿了下来。后来，女儿长大了，女祖宗就帮她招了位女婿，那个人叫姚三新，是一名木工，从此，陆氏家族与木作结缘。

姚三新生了两个儿子，长大后也成了木工。这两个儿子又为姚三新生了两个孙子，一个姓陆，一个姓姚，都是木工，姓陆的就是我的爷爷。所以说，不管是陆姓还是姚姓，都属于木作世家。我的父亲叫陆文安，是苏州有名的木作大师，父亲13岁就跟随我的太爷爷姚贵钱学习，那个时候太爷爷已经70多岁了，太爷爷有个弟弟叫姚建祥，也是顶级的木作大师。

南京博物院苏州园林模型
图片来源：陆耀祖提供

父亲一开始跟太爷爷姚贵钱学手艺，后来太爷爷年纪大了，我就跟着太爷爷的女婿瞿永富学习，父亲曾说，顶级的木作大师干活的时候，别人一定能看得出来那是大师。不要以为木工没文化，我的太爷爷姚贵钱饱腹经书，本事很大，是个非常有文化的大师。他做的木结构都很合理、科学。我的祖父、曾祖父、叔祖父都有自己的工坊，在当地相当有名气。而到了民国以后，受外国建筑冲击，中国古建筑落入低潮，很少有古建筑工程，但是我父亲的前辈都是顶级大师，有少量的古建可以带着父亲做。比如说父亲跟着姚建祥建造东山雕花楼，声名鹊起，他成为又一个顶级大师。父亲30岁不到，就被称为"香山帮小辈英雄"。

授业得自家传

生长在木作世家，又住在香山一带，我自然从小就受到不少熏陶。小时候觉得园林很好玩儿，石台、山坡、亭子等各个景点离得很近，小孩子可以很方便地窜来窜去。长大一点后，总觉得园林是有一定参照物或者参照地的，可就是想不起来到底在哪里。后来，父亲解开了我的疑惑，原来园林的参照地就在香山——他们每天生活的地方。比如说拙政园的小飞虹桥是借鉴了香山郁舍村的三板桥，跟原来的河道穿树而过的场景十分相似。

16岁那年，我正式开始跟随父亲学习木作，砍、刨、锯、凿——木工的四样操作手艺，要练习至少三年才能上手。总共100多样工具，样样都得精通。学基本功每天都要做的事情就是在木头上划好线，把多余的部分砍掉。当时父亲在南京负责瞻园的项目，我就跟着父亲待在南京。

一个好的木工除了砍、刨、锯、凿四样操作手艺，还要学习技术上的管理，要善于思考、领悟。提高技术相对比较容易，花上几年多练练就行，但是悟性、认真和文化却能决定一件作品的高度。学徒期间有大师带着非常重要，不仅是学技术，更是学"门道"。

父亲从13岁开始做木工，一直做到76岁，休息的时间十分少。记得有一次，父亲把塔刹木从下面穿上去，几十米的高度，操作起来很困难。但看见父亲娴熟地完成任务，我从心底里面感到佩服，并且暗下决心，努力让自己成为像他一样的大师。国家级非物质文化遗产项目香山帮传统营造技艺传承人的殊荣应该是我父亲的，只可惜父亲在世的时候还没有这项评选。

精工细作出得意作品

　　古典建筑中我最得意的作品应该是常州文笔塔。1938 年日本占领常州时用迫击炮攻击了文笔塔，木结构就都被烧光了，但砖结构仍然保留。20 世纪 80 年代时由香港人刘国军和常州市政府共同出资修缮文笔塔。我们组建了 100 多人的团队，我父亲和另一个水作大师作为顾问，父亲给项目出点子，

常州文笔塔
图片来源：陆耀祖提供

| 中法文化节上的古建筑

图片来源: 陆耀祖提供

我和父亲一起画图纸共同完成了项目。历经一年多，我们完成了对这一"沉睡"的古建筑的原样修复。

2004 年，作为中法文化交流的重要组成部分，中法双方商定在里尔市菲德尔特街歌剧院的主场建造一个仿上海豫园的"湖心亭"，这也是中国在海外首座建成的可分拆式古典建筑。由于法方要求不能损坏路面、抗震、通电以及要有残疾人坡道、安全通道，项目时间只有两个月，因此这个项目要求很高、难度很大。我作为项目负责人就考虑把"湖心亭"做成砖木结构，地面用混凝土、柱子用槽钢、瓦片用灰塑加上碳纤维，先在国内搭建，再分拆成一块块运往法国拼装。这座亭子不仅在中法文化节开幕时用作主席台，而且还在开幕后成了中国表演、品茶的场所。文化节结束后，中方要拆除"湖心亭"遭到了当地市民的强烈反对。于是，这座"临时性"建筑就被永久地保留在了里尔原地，成为中国文化活生生的代表，让我们这些中国人感到很自豪。

授徒传承技艺

　　作为传统技艺的传承人，我不仅继承和掌握了香山传统建筑营造技艺的各项要领，还为培养下一代香山传人而积极工作着。现在很多年轻人已经不想再做香山木雕匠了，但是没有"人"这个主体来承载，这项非物质文化遗产就只是空壳。"非物质文化遗产"的主体是人，古建木雕是人的技艺，保持人才不断档已成当务之急。

　　传统建筑保护要求多方面的知识积累，在传统建筑的要求下还必须用现代结构理论来保证其安全性。因此，在传承方面需要不断学习，师傅要学，徒弟也要学。我选择徒弟的标准

新加坡蕴秀园

图片来源：陆耀祖提供

之一是要聪明有悟性。培育传承人有两种方法：一是由大师直接带徒弟；二是由已经出师的技师再带新的徒弟。主要是教授其木工等基本功以及古建建造和修复保护工作中的重点难点，徒弟积累三五年的经验就可以出师。

20 世纪 70 年代，我收了几位徒弟；20 世纪 80 年代后期，我又做社会培训，去学校里面讲课，教木工理论、操作技术，另外还培训高级技师。能将我一生的经验积累分享给更多的人，也是一件快乐的事情。

香山帮古建不被重视近百年

既然靠手艺吃饭，这门手艺又被列入世界非物质文化遗产名录，那就一定会提到传承。作为香山帮传统营造技艺的重头戏之一，木作，到我这里已经完成了五代传承，而且代代都是大师级别的木工。当然，这里除了我的爷爷，因为我的爷爷小时候体质不好，没有做木工。

不过，在我之后，便再也没有家族传承了。我有一个儿子，从事金融行业。自打一开始，我就没想过让儿子做木工，因为我觉得自己做得特别累，以前因为有优势，工匠很吃香，大师傅可以一年做到头，带徒弟，徒弟工资都给师傅的，总的来讲，也是个好的职业。

例如，当初我从在乡镇企业负责工程到苏州古典园林建筑有限公司担任副总经理，从技术人员的身份向企业领导转变，30多年一直没有离开国有企业，因为那时候"有饭吃"。但是现在因为社会、经济等多方面原因，就业方向很多，愿意做工匠的人其实很少。如今，传统营造技艺的传承和发展存在一定的困难：一是工匠的社会认可度低、社会地位不高；二是工匠薪酬待遇不高。现在想要招收高学历的学徒还是比较困难的，这非常不利于香山帮或者说传统建筑行业的发展。希望政府要重视传统建筑艺术的传承和发展，要改变这个现状。

由于国外建筑的冲击，香山帮苏州古典园林、古典建筑已经有近百年没有被重视了，而现代的很多工艺靠电脑就能完成。

我从40多岁开始，一直到退休，花了18年的时间写了一本《古建筑修建工程施工及验收规范》，此书的出版填补了国家在这一方面的空白，也为香山帮传统营造技艺留下了历史的记录。

技艺传承中的『匠心』与『家风』

薛林根

图片来源：薛林根提供

作者简介：

薛林根，传统营造技艺国家级代表性传承人，中国园林古建技术名师。

薛林根大师 1993 年主持施工的日本长崎凑公园获日本金熊奖，2003 年主持施工的山塘街玉涵堂修缮工程获苏州市文物局优秀工程二等奖，2006 年主持施工的张氏义庄、亲仁堂整体移建工程获苏州市文物局优秀工程一等奖，2006 年主持的东山"凝德堂"修缮工程获江苏省文物局技术奖，2008 年主持的苏州太平天国忠王府修复获苏州市文物局优秀工程一等奖，2012 年主持薛东负责设计的苏州诸公井亭保养获江苏省文物局优秀设计奖，2015 年主持薛东负责设计的吴云宅园修缮获江苏省文物局优秀设计奖。

我们家的技艺是祖传的。我们家族都是水作（瓦工、泥水匠）匠人，从我大伯薛鸿兴、二伯薛根兴、三伯薛宝兴（铁匠）、父亲薛福鑫（曾用名薛福兴）、堂哥、堂弟全部干这一行，我从 15 岁到现在做了有 50 多年，而且我儿子薛东现在也在干这一行。我对这一行还是比较喜欢的。我觉得任何事只有喜欢了才会去做，才做得好。

我父亲是 12 岁开始学手艺的，2007 年入选为国家级非物质文化遗产香山帮传统建筑营造技艺代表性传承人。我父亲小时候因为爷爷奶奶养不活，把他送给了光福一个大户人家，当时我大伯、二伯在外面做活儿，晚上回到家找不到他，一问才

| 薛林根、薛福鑫、薛东祖孙三代
图片来源：薛林根提供

| 耦园亲自设计并手工制作的泥塑花漏窗（薛福鑫作品）
图片来源：薛林根提供

| 天平山高义园文王访贤堆塑（薛福鑫作品）
图片来源：薛林根提供

| 耦园泥塑山花、松鹤（同上）
图片来源：薛林根提供

| 耦园泥塑山花、柏鹿（同上）
图片来源：薛林根提供

知道父亲被送人了，就四处去寻找，后来在大户人家把父亲抢了回来。我大伯本身是香山帮有名的工匠，他就让我父亲和他学了手艺，心想有一门手艺就可以谋生。我父亲特别的刻苦，到十六七岁的时候他就带班了，也成为了我学习的榜样。1958年开始，父亲负责苏州24个园林的修复，苏州各园林均有父亲的杰作。

我是15岁跟大伯学的手艺，比我父亲晚三年。那个时候正好文革，我还在读初二下学期，学校停课回家。回家以后我就参加了村里的宣传队，在我们大队里面吹笛子。白天做农活，晚上出去演出。我父亲说这样不行，他认为我们是手艺人家，必须要学会一门手艺，没有手艺以后靠什么吃饭呢？那时候我父亲已经在苏州市园林修建队工作了，人不在乡下。他就要我跟大伯学，于是我15岁时就开始跟大伯学瓦工。

按当时我们那里的规矩，拜了师傅要"学三年、帮三年"，就是三年跟着师傅学手艺，满师出来的头三年要帮师傅干活，不拿工资的。因为大伯是自己家人，他说也不要我帮三年了，就是认认真真跟他学，学好了满三年就给我满师。当时我大伯对我讲的几句我现在都不能忘。他说你当学徒首先要学会做人，要谦虚，各个场合都要谦虚；第二要有品德，手脚要干净，我们做匠人是吃百家饭的，不能小偷小摸。这两点你必须要做到。就这样，跟大伯学了三年，满师了。大伯对我说，今天开始你可以自己独立打工吃饭了。做我们手艺这一行的，活儿做得好非常重要，老话说"只问何人做，不问多少工"。你活儿做得好了，你就会出名，人家问这个作品谁做的，不会问这个作品做了多少个工，做得好就会说是薛林根做的，做得不错。你活儿做好了出名了，赚得到钱，有饭吃。所以大伯的这句话对我来讲是很重要的，我到现在都不会忘记。

我觉得我的机遇比别人好，因为那个时候，正好苏州市园林管理处（现园林局）成立了一个园林修建队。我父亲是修建队里面的技术负责人，苏州市24个园林工程，包括狮子林、沧浪亭、留园等都是他在负责。20世纪70年代苏州园林大修，他就到我们乡下去招工匠，在乡下建筑站一共招了80个当地有名的工匠，就把我跟大伯、二伯、大哥、二哥，我们一个家族的工匠，二十余人一起招到园林处修建队里面去修园林了。后来有同行去园林处秦处长汇报说薛福鑫招来了大哥二哥薛家班，秦处长问他们活做得怎样，说是做得挺好的，秦处长就说只要活做得好什么班子都可以。所以，现在苏州的拙政园、狮子林、网师园、沧浪亭等都有我和我父亲的作品。从20世纪七八十年代，我们一直在修园林，修了十几年。

我清楚记得，1970年我到了修建队以后，我父亲跟我说，你现在虽然已经满师了，但是苏州园林这样的活儿是一般的匠人没有机会接触到的，你一定要珍惜机会好好学。那时候，修建队里面有一个工匠大师叫杜云良（六级工），人很好，手艺更好，我就认了他为叫名师父（未摆酒拜师称为名师父）。

我记得印象最深的是1972年怡园藕香榭大修，有很多活儿难度都挺高的。杜师父就跟我说："小薛，你一定要动手，你看一百遍不如你做一遍，你把这个戗脊一节一节做出来，就成了。"所以，从1972年开始，我就自己动手做戗脊，后来网

| 沧浪亭水作

图片来源：薛林根提供

天平山乐天楼龙吻屋脊头

图片来源：薛林根提供

天平山山门哺龙脊

图片来源：薛林根提供

天平山高义园泥塑花漏窗

图片来源：薛林根提供

师园、拙政园、沧浪亭、天平山等园子里的好多戗脊都是我做的。这对我来讲也是一个人生的转折点。

我跟杜师父在修建队学了大概有五六年，学到了很多东西，包括泥塑，砖雕等。到二十八九岁时，我的手艺和别人相比，已经很优秀了。一是因为我在园林里面修了十几年，看到学到了好多技艺；二是我每天都勤学苦练，愿意吃苦；第三是我的机遇还是比别人好一点，有一个好师父肯教我，而且二十多岁就能做到这种工艺难度的活了。所以，我不到30岁就是四级工了，当时我们一起做活的好多匠人40岁都还只是三级工。

我觉得在我参加修建的园子里，难度最大、记忆最深刻的作品有两个：一个是刚才我讲的，怡园藕香榭大修时候做的水戗、发戗，杜师父要求我必须自己动手，后来我一边做，他就在边上指导，对我的技术提高很大。到现在我做的那些作品还在；第二个是虎丘山的万景山庄盆景园要新建两个大厅，大厅上做的是龙门屋脊，对于我们瓦工来讲，做龙门屋脊难度是最大的。我在杜师父的帮助下一起做，他说："小薛，大厅上面那个龙门屋脊你要给我做好。"我说这个难度太大，他说"我教你一个办法，晚上人家下班了，你去做，笨鸟先飞。"他的办法就是，晚上其他人下班回家了，我在车间里面学着做，他在边上指导怎么弄。一节一节做好了，明天照这个样子我再到厅堂屋面上去做。后来到屋面去做完后，别人夸我这个龙门屋脊做得不错，我就有点不好意思，其实这已是第二个，之前已经做过一个了，这也是我技术提高快的一个原因。后来修常州文笔塔，塔上56个戗脊翘角都是我一手做下来，

天平山御碑亭戗脊

图片来源：薛林根提供

天平山乐天楼泥塑龙吻屋脊

图片来源：薛林根提供

到现在还在。美国纽约大都会艺术博物馆内明轩的砖雕圆洞门和字碑也是我的作品。

　　我正式的徒弟一共带了三个。大徒弟叫朱建兴，是我1980 年带的，现在他是我们公司的二级建造师，目前在大丰负责一个中式的园林建筑项目。他的代表作是苏州协鑫的一个项目，"晟园"，那个项目他负责施工，我儿子薛东负责设计。晟园里面有一个花篮厅，是苏州最大的厅堂。承重结构我们采用钢筋混凝土结构，内部轩架全部为木构架梁架雕花，也算是技艺创新吧，中央电视台"老城的新生"节目专题采访过。这个项目现在成为了苏州标杆工程、样板工程，获苏州"香山杯"奖，里面亭台楼阁、小桥流水、假山、水池全部都有；二徒弟叫朱锦芳，是我 1982 年带的，他的代表作是同里的珍珠塔园，该园现在对外开放；2013 年我又带了一个小徒弟叫张金法，这个徒弟他原来已经是匠人，为了提高自己的技艺，一定要拜我为师。这个小徒弟人很聪明，他搞泥塑搞得特别好，现在我们公司园子里就有他的泥塑作品。

　　1980 年，我还在苏州园林修建队（后为苏州古建公司），公司为了技艺传承在苏州市招了 100 个高中生来学习做工匠，公司给我安排带 10 个徒弟。我知道我们这一行挺辛苦的，这些高中生都是苏州市里的人，不能吃苦可能坚持不下来。结果这帮人跟了我大概两年不到，现在基本都转行了，一个都不做

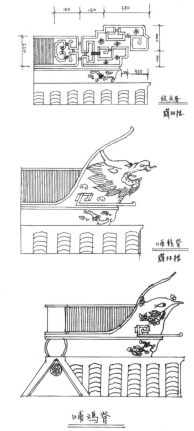

手绘图

图片来源：薛林根提供

159

天平山高义园鱼龙吻脊及戗角

图片来源：薛林根提供

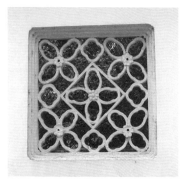

怡园花漏窗

图片来源：薛林根提供

了。我们年轻的时候要拜个师是很难很难的，现在带徒弟跟我们那个时候带徒弟完全不是一个概念了。

现在你到我们工地一看就知道，我们的匠人都是 50～60 岁的，像我这把年纪还有我几个师弟都还在做，年纪轻的 30 岁以下的可以说一个都没有。我们一个村有 25 户人家，21 个工匠，现在只有一个人在做了，这个老工匠，年纪也有 60 多岁了，他也在我们工地上，其他 20 个都不做了。

为什么现在年轻人不肯学工匠，特别是像我们瓦工这一块，这些技术、工种特别难招，主要因为几个方面：一是做匠人很苦，而且学习的周期很长。学我们这门手艺不是在车间里面学半个月、一个月就能学会的，要 3～6 年这么长的学习周期，3 年是刚刚满师，你还要自己独立操作四五年才能独当一面，而且特别辛苦。冬天去做工，一个月只有一副手套，手指头都在外面冻得不能弯，砖头都拿不住。夏天，40 度在屋面上盖瓦，又晒得受不了，确实不是一般的辛苦；二是待遇低，我们现在大部分的匠人都没有社保，像我们公司只有班长、带班的或者有一门特殊手艺的才有社保，其他人都是做一天活给一天工资。所以，现在我们企业也越来越重视培养年轻工匠，如果再不培养真的要没人做了。

徒弟张金法泥塑戗脊
图片来源：薛林根提供

　　我认为对传统营造技艺的传承现在可以从以下几个方面下功夫：一是要提高匠人的待遇；二是要善于运用新技术、新工艺，用机器操作代替纯手工。现在很多工种可用机器操作省工省力，比如木雕可以先用机器雕好坯子以后，剩下来精细的部分用手工做，做出来效果还是一样的。我们砖雕石雕也是这样，即省工又是省力，减轻工匠的工作强度；三是要尝试跟技校合作培养年轻的技艺传承人。现在常州、苏州的技校都有定向培养生，毕业出来的学生到我的工地来实践。学校里面念两年书，到我们工地上做一年，学习起来就比较快；四是培养原来有基础的外地工匠。比如说有基础的瓦工，砌墙、粉刷这些基本工作均已经做得蛮好了，但是在传统工艺上不擅长，我们一人带一个，手把手教，这样学习起来也很快。我们企业里面，特别是近两年，外地木工的人数估计达到 20% 以上，有些班组可能达到 30% ～ 40%，他们原来有木工基础、学得快、不怕吃苦，工资报酬我们可以增加一点，把这批人就留在我们苏州一起搞传统建筑，这样使我们传统建筑技艺不断代。

　　每次政府叫我们去开会的时候，我们都提，希望政府部门对我们加大扶持，但是想想政府也蛮难做的，比如现在给匠人上社保，这笔费用不得了的，因为匠人数量大啊，像我们公司有几百个匠人，你如果说叫我公司给他上社保，我没有这个能力，你叫政府给他上社保也不大可能。所以，我们也在呼吁政府要给我们优惠政策。前几年政府有几个优惠政策，其中一个是我们香山帮营造企业招投标可以优先；去年省里面又发了一个文件呼吁大家要把这门技艺传承、技术发扬，这对我们来讲也是一个鼓励。

这几年国家对我们中国传统文化非常重视，各地政府、市民对中国传统文化这块观念也有变化。因为我们是做这块的，最有发言权，原来每个城市搞小别墅都是欧式比较多，但是这几年观念变了，开始搞中式别墅区了，老百姓也觉得能接受中式的设计。因为中式的东西不过时，欧式的别墅他们住了几年下来还是觉得没有味道。比如说苏州的桃花源，房价那么贵，当时我们也担心做了这个工程款都拿不到，结果五六万一个平米的房子一下子抢光，房子里面做的是中式的，主体是钢筋混凝土，外包是中式，每家每户都有院子，有私家园林的感觉，好像真的到了桃花源一样。不仅仅是苏州，现在全国各地都开始喜欢中式的园林、住宅，这两年全国各地包括长沙、西安、郑州、广州等邀请我们去设计、施工的特别多。我们现在施工的项目，青岛、山东商河、上海浦东、扬州仪征、浙江安吉、安徽亳州等地，有十七八个工地都是这种中式风格。关键苏州的传统建筑、亭台楼阁、小桥流水，小巧玲珑这种感觉百看不厌。感觉住在这种园林式的小区里，很舒服，而且还有文化。我们不是造高楼大厦，我们要造那种中式的小园林建筑，因为做得有文化，人们就会很喜欢。

就我的理解，现代建筑完全可以和传统建筑文化相结合。现在我们做的建筑，主体一般都是钢筋混凝土，外包这块可以结合中式的传统建筑风格。比如说外立面可以是木结构，屋顶采用小青瓦、建筑装饰采用铝木门窗，到了房间里面现代化的空调、地暖，网络什么都有，节能消防等完全按照现代化的规范，外观上有苏州园林的味道，内部很现代很舒适，这样老百姓就很喜欢。我们公司现在对这方面的实践已经取得了很好的成果。

除了房地产项目，我们这些年还做了不少历史文化名城名镇保护和历史建筑修复的项目。主要是两大块，古城的修复，还有就是古镇、古村落的修复。古城的修复方面，比如说 2003 年时我们修了苏州山塘街，被评为中国十大古街。整个山塘街大部分是文保建筑。文保建筑和现在的仿古建筑是有区别的，文保建筑是有历史的、有文化的。你如果修文保建筑，要现场去测绘，要保证原汁原味的，原来是什么样子现在我还要修成什么样子，不好改变的，你如果改变了你就是破坏国家文物。

我记得我们在修山塘街玉涵堂时，就是吴一鹏故居，有 500 多年历史了。我们去修的时候，有一面墙已经有点歪倒了，按照我们的意思就是拆掉重新砌，很简单。但是文物部门不同意，他说这个墙是有历史的，你把墙拆掉了，就破坏了历史。文物局要求我们，既要做到墙不能拆，房子又不能倒，还要原汁原味修好。后来我们就按照他们的意思，把这个房子加固不让他倒掉，老墙还是老墙。我们看到的文保建筑就是要看到这种感觉，上面的瓦是弯弯曲曲的，屋顶是有点破旧的，材料上面要用一些老的材料，意思就是要还原房子原来的样子，关键它的历史不能断。比如玉涵堂里面有一个砖雕门楼，文化大革命时期，好多东西都被砸掉了，有人讲这个门楼要倒下来了拆掉吧。我们没有这么做，我们建议把这个倒的地面上的部分校正，坏的东西我们一块块换，砖雕里面十个人的人头当时都砸掉了，我们一个个给他补了，后来市里的领导跑来看了以后表扬我们，这个项目我们获得首届苏州市文物保护优秀工程二等奖。

文保建筑的修复有规定，就是要原材料、原工艺、原结

山塘街玉涵堂砖雕
门楼

图片来源：薛林根提供

163

构、原形制，原来是什么样必须是什么样。不能说这栋房子有点坏了，我把它屋面重新拆掉重新做，这样做好像很简单，但是历史文物的价值没有了。现在很多人去山塘街、平江路游玩，为什么呢？因为它有历史，人们是去看它的历史，你如果说新造一条街去的人就不会这么多。整个山塘街大部分还有平江路半条街都是我们修的。

在修复文保建筑时，必须原汁原味地用材，金砖就是金砖，石材就是石材，不能去做假，做假的话，几百年、几千年的历史就断代了。在建新仿古建筑时，就需要在技术、工艺方面考虑突破、创新，用新材料、新技术、新工艺去减少成本，减少劳动力，省工省时省料省钱。通过十几年的研究，我们已经可以做到用新材料代替老材料，解决老材料在烧制过程中出现的环保问题。我认为，未来的建筑发展中，具有创新精神还是非常重要的一方面。

古建营造的传承、探索与未来

—— 杨根兴

作者简介：

杨根兴，传统营造技艺省级代表性传承人，现任蒯祥古建公司董事长。

杨根兴先生先后参与南京夫子庙、朝天宫、鸡鸣寺宝塔古建筑群，苏州十全街、桐芳巷古街区以及澳大利亚墨尔本市唐人街牌楼、澳大利亚国际村苏州园林等一大批国内外古建园林项目和文物古建筑保护修缮工程。荣获国家鲁班奖、综合金牌奖和省市优质工程奖，并于2013年获苏州古建筑营造修复特别贡献奖，2017年被苏州市住房和城乡建设局评为"优秀工匠"。

我出生在香山帮的发源地横泾，从我太爷爷、爷爷开始，祖上四代都是工匠。我是16岁跟父亲学徒，起初主要是在乡下做工。那个时候，我们农村建筑都是木结构，我主要是做砌砖、砌墙这些活。20岁时，就进了当地的横泾建筑站工程队。刚去时队里有10个人左右，因为我技术上比较好，21岁就当了工程队青年突击排的副排长。当时，苏州市有个重点项目——上方山自行车厂建设工程。因为自行车厂里面都是电动车间，建筑质量要求高，工期只有五个月。所以，苏州市的几个工程队都不敢接，后来这个任务就派到我们横泾建筑站。这个项目厂方不想做现代建筑，要搞传统风格的，我学的就是传统建筑技艺，正好派上用场，于是单位让我做项目负责人。那时候年轻，干劲很足，自行车厂项目我们五个月就顺利按时完工，质量也蛮好的，结果得了五千块奖金。那个时候去做项目，单位都是没有奖金的，我们是苏州市第一个得到奖金的队伍。由于我的工作一直很优秀，单位就推荐我入党，并提拔我做了副站长。就这样名气做出来了，公司又让我负责苏州老字号企业——苏州老正兴的改造。苏州老正兴的建筑主体是钢筋混凝土结构，但是外观是苏州传统园林风格的。后来，老正兴这个工程被苏州市评为苏州市样板工程。

吴县古代建筑工业公司就在老正兴边上，我在老正兴施工的时候，吴县古代建筑工业公司的老经理天天到工地上来看。因为我抓工作比较认真，施工质量好，就给他留下了深刻的印象。1983年，南京要修复夫子庙建筑群，到苏州来请我们这边的施工公司去做。先找了苏州的一家园林古建公司，也是搞古建的，但他们没有做过这么大规模的项目，况且南京夫子庙还是现代建筑跟古建筑结合起来的工程，难度比较大，他们感到没把握，就没敢接。南京夫子庙所在的秦淮区区长和规划办主任就跑来请吴县古代建筑工业公司去施工。吴县古代建筑工业公司第一个就想到我们横泾建筑站，点名要我和参加老正兴工程的这帮人去。于是，10月份我跟吴县古代建筑工业公司的老经理一起到南京夫子庙和区长去谈这个工程。后来就商定由吴县古代建筑工业公司和横泾建筑站合作，由我们建筑站派一个古建工程队，由我全权负责。我为什么敢接呢？因为我学徒的时候学的是传统建筑，后来到了工程队去又学了现代建筑，我对两者都有一点经验。

南京夫子庙全国有名，我们在南京夫子庙的修复工程一炮而红，夫子庙改造过程中，中央领导、外省领导、南京市领导都到南京夫子庙来参观。2003—2012年期间，我带着我爱人、小孩，以南京为家，在南京待了整整九年，我女儿读书也在南京。当时的市长每个星期六都到我们办公室来，他跟我说，让我最起码干八年，我干了九年。

夫子庙修复工程也确实让我学到了不少知识。我还记得，修夫子庙的时候，特别成立了一个三人小组，三人小组成员由叶菊华教授、秦淮区区长、市规划局分管副

| 南京·夫子庙东西市场
图片来源：杨根兴提供

| 南京·秦淮河畔的仿古建筑
图片来源：杨根兴提供

局长组成，统筹秦淮风光带的规划设计建设与管理。当时整个夫子庙的规划、设计、建设，一定要他们三个人同意才可以。叶菊华教授原来是东南大学的，是刘敦桢老师的学生，苏州的每个园林她都测绘算过，是真正的古建专家。我是崇拜她的，跟她一起学了很多知识。我原来是只会做，不会画，到南京以后我每天晚上就自己学习画图，那个时候没有电脑，我们都是手工画的，每天晚上我都要画到 12 点钟。

就是因为我夫子庙修复工程做得很好，第二年吴县古代建筑工业公司经理就请示了我们吴县的县委书记，出了个文件要把我从乡镇企业调到县属企业。我们乡镇的党委书记直接找我想挽留。当时的政策是县属企业要扶助乡镇企业，他说县属企业不能挖乡镇企业的墙角。后来我们的书记又专门到南京来跟我谈，他说只要我不走，我爱人要到乡镇里哪个企业他都答应。可是当时我正年轻，觉得县属企业肯定层次高一些，还是选择了调走。

夫子庙修复工程开始施工后，南京这个市场就被我们打开了。除了夫子庙以外，朝天宫、玄武湖、珍珠泉等项目都铺开了，后来南京哪个地方有古建筑都请我们去。因为我们在南京夫子庙修复项目打开了局面，

| 南京·夫子庙广场前的牌楼
图片来源：杨根兴提供

南京·夫子庙

南京·夫子庙东西市场

南京·夫子庙得月台

南京·夫子庙东西市场

2005年我的农村户口也转了城市户口。那个时候农转非要江苏省省长批才可以，我们公司就批到了我一个。为什么后来要回苏州呢？因为我女儿要考高中了，必须回来了。回到苏州的时候，恰巧苏州市要进行旧城改造，专家对旧城改造该怎么改心里没有底。因为苏州的古城有两千多年的历史，底蕴很深，怎么来施行改造，这些专家心里都没有底，所以先作一个桐芳巷试点。我回来之后，苏州市知道我在南京做了这么多年，而且在技术、生产管理整个的环节都是由我负责的，所以就让我就参加了桐芳巷项目。桐芳巷是建设部的试点小区，修复完成后，这个项目获得了建设部颁发的"中国建筑工程鲁班奖"，我个人荣获"国家施工质量一等奖""综合金牌奖"，这也是我回到苏州参与的第一个项目。

桐芳巷是居民小区，里面有工业楼，有别墅。因为苏州市的土地紧张，设计很紧凑，别墅院子园林都是很小的，怎么能体现苏州园林的这种味道，难度也很大。就拿拙政园、网师园来说，网师园虽然小，但也有20多亩，拙政园有60几亩土地。但现在的这个桐芳巷只有8亩地，要造个园林出来确实不容易。地方小，还要做出苏州小桥流水、青砖小瓦的这种感觉出来，从设计来讲，他们花了不少工夫，从施工过程来讲，

夫子庙项目

图片来源：杨根兴提供

169

| 获奖证书

图片来源：杨根兴提供

我们也花了不少精力，当时作为样板工程做出来还是很成功的，院子虽然小，但里边有亭台楼阁，精致小巧。

桐芳巷有一座全木结构的独角亭，传说唐伯虎在那里作过画。当时亭子一角已坍塌，施工时进行了落地翻修。为确保原汁原味，我们对每一块拆下来的木料、石块都进行了编号。我们当时都是按照传统工艺来做，当时来讲做得很好。

我在苏州做的第二个项目是江枫园。江枫园的开发商看了桐芳巷之后来请我，当时还请了北京的人。北京的人要按照北京四合院来做，我不认可。我去跟开发商说，我们苏州的民居、园林，从古到今都是有名的，现在大家来学我们苏州的，你去学北京这样不对。况且因为北京建筑是官式建筑，占地比较大，我们的土地面积也不允许，而苏州的特点是小巧玲珑、精雕细琢、简洁明亮，很适合这个项目。后来我做了一个方案，做了一个样板房，江枫园也一炮就打响了。

第三个项目是我在苏州竹辉路边上建了两套别墅，开发商说这两套房子一定要做精品，要卖5000万。我说，江枫园很好的别墅才卖100多万，你卖5000万怎么可能呢？后来打造出来，卖到了4800万。那个地方在沧浪亭的南边，

| 桐芳巷项目

图片来源：杨根兴提供

是原来国税部门的办公楼。后来政策不允许，就转给房产商，因为那块地当时很贵，没法做普通的住宅楼，只能做高品质的。因为有了桐芳巷的试点小区，后来他请我们去做，成功卖了 4800 万。接着又做了姑苏人家，在留园的对面。后来苏州比较好的中式别墅，很多都是由我们施工的，都很成功。

我一共带过十几个徒弟，现在年纪大了，已经不带徒弟了，是徒弟带徒弟，我连徒子徒孙都有了。这些徒弟当年跟着我从南京夫子庙，再回苏州，我们一起做了桐芳巷、江枫园、姑苏人家等项目，都是老师傅了。那个时候我们出去接任务还

苏州·沧浪亭 6—33 号地块，东西宅园林别墅

苏州·沧浪亭 6—33 号地块，东西宅园林别墅

苏州·沧浪亭 6—33 号地块，东西宅园林别墅

要解释说，我们原来是吴县古建工业公司的，县委书记感觉我们香山帮的匠人出名了，就组织成立了香山古建集团，把我们原来农村里所有的建筑公司并入进来，作为一个集团公司。1983年，我被苏州市香山古建集团提拔为副总兼二分公司的经理。

后来，吴县撤县并区，并入苏州市的吴中区，苏州市就要求我们香山古建集团改制。公司改制后，负责人第一个来找我，要聘我过去继续管理。当时经理问我有什么想法要求，我提了两个要求：首先，把二分公司分离出来，单独挂二级资质；其次，二分公司资产评估，要多少钱我出，以后全权由我来负责。两个要求领导都同意，这个公司就这样成长起来了。2003年公司转制分离出来，所以成立了苏州蒯祥古建园林工程有限公司，现在是园林古建一级、文物资质一级、设计一级资质。

现在的苏州蒯祥古建园林工程有限公司

图片来源：杨根兴提供

1983年到现在这段时间我做了不少事，南京夫子庙的修复项目算是我正式进入了古建行业。我知道要不断学习才能做好项目，我每天都要看书、画图到一两点钟。白天我都在工地上，晚上工地上加班我还在工地上，只要不加班我都在家里学习《营造法式》。我在南京夫子庙修复工程中，最大的感触就是接触的人层次不一样，我自己的眼界也不一样了，对我的要求不一样，再加上自身的努力，所以我提高很快。我们这些人原来很穷的、没有文化，做了匠人以后，我越来越觉得需要学习文化。原来我是乡镇的职称，后来转为国家级的，我想不能一直没有学历，一定要去深造。即刻前往苏州市建筑工程局职工大学深造，我自学的时候电话、电视机都关掉，我记得当时考了4门，建筑制图90分，建筑材料94分，建筑施工81分，钢筋混凝土98分。当时职工大学校长以为我是高中学历，其实，我是小学文化。现在想想，自己的进步还是很了不起。我仅仅是小学文化基础，学到了职工大学的大专，这个还是很不容易的。只有通过学习深造才能转成国家级的职称。

公司2003年转制后，资质提升上去了，得到了大家的认同，得到了中国建设工程"鲁班奖"（国家优质工程），后来苏州11个街巷改造我们都参与了其中。1992年，霍英东基金会到我们苏州来找我，点名要我们这200个人参与广州南沙霍英东基金会的姑苏街项目。他当时找到了苏州的蒋市长，蒋市长到公司点名要我。第一次去谈没有谈成，后来我去跟他一讲方案，马上就定了。后来我们提前了3天完成了项目，奖励了10万块钱。后来，如果项目上有什么事，霍英东副主席都是直接打电话联系我。几年后，他和香港科技大学办了一个科学院，又是找到了我，那个建筑也是我们做的。我们从广州南沙霍英东基金会的姑苏街项目，到现在的小榄地区的项目，都是甲方慕名来找我们施工，我们的业务基本省内就是南京、苏州，省外也有很多，主要是在广东那一片。

作为香山帮匠人，我从小就崇拜蒯祥，蒯祥是我们香山帮的代表人物。2003年转制过后，成立公司叫蒯祥古建工程有限公司。虽然是一个新的公司，但还是原来跟着我二分公司这帮人，所以我们经验很丰富，技术力量是很强的。转制过后，我们胥口镇党委书记就把香山古建拉回到胥口镇，把"香山古建营造技艺"申报列入国家级非物质文化遗产。那时，我们苏州市文物局就推荐我为市级专家评委。当时省里也需要评委，省级评委是东南大学那些教授，他们说对这个不太熟悉，又推荐我到省里面去做评委。

"香山古建营造技艺"被列入首批国家级非物质文化遗产后，我们胥口镇党委书记叫我去吃饭，我和书记交谈时说，我是蒯祥古建的，我的根在这里，我留下来就要回到香山帮的发源地。他说好，我肯定支持你。后来我就想要搞一个香山工坊。当时的想法就是要二三十亩地，实现香山帮营造技艺的工厂化，把我们苏州从事古建行业

广州南沙霍英东基金会水乡一条街

图片来源：杨根兴提供

水乡一条街牌楼

图片来源：杨根兴提供

的，包括做玉雕、石雕等传统工艺全部集中在香山工坊。我就跟书记讲，你给我批几十亩地，我要做一个产业化，他说好。现在终于建起来了，不但做了一个设计公司，还做了一个 15 亩地的木加工厂、一个工艺厂房，里面一个大车间有 1500 平方米。

当时我想，我们的传统文化那么好，要让年轻人也喜欢我们的传统文化。政府现在一直在号召将我们的营造技艺传承下去，我觉得非常有必要。我们现在的匠人，基本都是 40 岁以上，五六十岁为多。再过 10～15 年，我们这个行业会很麻烦的。我们就在想如何让年轻人来喜欢这个行业。我认为可以从两个方面解决传统营造技艺传承的困境：一是要给那些喜欢这个领域的年轻人搭建一个平台。我们这些传承人，肩膀上有这个责任，要把传统技艺一代代传下去。年轻人喜欢这个不容易的，要给他创造一个平台，要工厂化，工厂化就稍微好一点了，不用天天在外面，也没有那么辛苦。二是工资待遇要提高。单纯依靠我们民营企业是不行的，政府要有相关的政策提供机会给好的匠人。

2010 年我被评为省级传承人代表。市里边有一笔钱，我用这笔钱造了厂房，三层楼面有 1500 平方米空在里面，我把苏州 9 个世界文化遗产的园林代表作，如拙政园、耦园、狮子林等里面有特色的建筑，按照比例缩小设计建造出来，集合成一个园林。我的想法是，集中展示苏州古建园林的精华，让人家来看，当然，这也可以提升公司的知名度。建好以后，确实效果很好，我们业务合作单位的领导看过后都说非常震撼，这样一来我觉得花这个钱还是很值的。他们说你是真的喜欢了，花了几百万做了这么一个展示厅。

苏州园林甲天下，苏州园林是我们中国传统建筑的代表作。但是我们的传统建筑没有考虑室内通风、采光等问题，传统的理念是建筑环境要暗的，不要亮的。这和我们现在要的透气、通风的现代建筑环境有所不同。所以，我现在一直在研究传统的东西如何结合我们现代人的需要。我觉得，如果年轻人不喜欢，这个工艺传不下去的。现在我一直强调，要把我们传统的工艺结合现代的理念，好的东西我们要吸纳，有的东西我们要改变、要提升，这样才能让年轻人喜欢，才能够有所发展，才能真正把传统工艺一代一代地传下去。现在结构都是钢筋混凝土，但是一看这个房子，怎么能认出来是苏州传统的工艺呢？我们在建筑外面采用木结构，柱子、挂落、栏杆、花格窗等这些传统的样式，室内还是选择现代的设计方式。窗的做法结合了传统图案与现代的技术手法，按照现在的中空玻璃制作，把传统的花格窗搁在玻璃中间，不但好看，又方便打扫，这又是一大发明。这个窗子全是工业化生产，有专业的人专门做这个窗。我们匠人主要做栏杆、挂落、木结构、椽子这些传统构建、亭台楼阁等，把构件在我们加工厂加工好，搭好、连接、包好，到现场安装，这样就可以降低现场的工作量。工厂化带来的另一个好处就是，并不要求每个人都技术高超，有三四个水平高的可以带好几个一般的操作工，一起来完成。我们工厂一线的操作人员现在收入也不错。高级工每天工资在 300 元以上，一般的员工工资在 250～260 元，现在工厂里面生产构件的人大概收入都在七八千一个月，好一点的一万多。

最近国家也一直在强调，城市建设要有自己的特色。不能来到了中国，看到的都是国外的东西。但是从我们这个角度看，应该是到了每个城市，要看到每个城市的特点。比方说我们香山帮的营造技艺是好的，但是我们也不是到了哪个地方都采用我们苏州风格。到了安徽去，可以用香山帮营造技艺，但是要体现徽派的特色风格，不能全部是用苏州的，同样的，到徐州要结合徐州乡土风味，采用徐州的建筑风格。传统建筑一定要结合当地特色这才可以说是传承了文化。

在古城保护或者文化历史街区保护方面，要求必须原汁原味地使用传统营造技艺和材料。比如说我们的文物建筑修复，我一直讲，文物建筑跟人一样，人老了，回到原来是不可能的，我们要做的是怎样让它"健康"。文物建筑要呈现原来的样子，那么我们就要做功课，要测绘、评判、评估，哪个地方要修，怎么修，哪些东西是坚决不能换的，要确定好。必须要更换的构件，要按照原来的风格、做法，把东西换上去，这才是对文物保护的态度。所以，在文物建筑的修复过程中，首先是看它的"健康状况"。如果文物建筑已经坏得很厉害了，那肯定要动"大手术"。但是在基本"健康"的情况下，尽量不要去大动。对于文物建筑，我们要保护它的历史价值，所以，从材料到施工工艺原汁原味地修复，尽可能不改变它的面貌，这点是关键。

由于国家对环保的要求，目前，传统的砖已经不允许再生产，老的砖回收不到，这个砖的问题怎么解决？如何替代？所以说，如何合理地用新的工艺、新的材料创新突破或替代，这是一个大课题。我们的传统建筑有一些材料的缺陷，在这方面需要新的工艺、新的材料。比如说油漆，原来大家一直认为生漆好，事实上生漆怕太阳晒，晒到太阳两三年不行了。我们在桐芳巷的时候就用的树脂漆，但是也怕太阳暴晒，室内的油漆一般不容易变，但是外面晒了太阳的柱子漆就会发白。所以就需要改进生产技术，研发生态防晒防腐的油漆，类似于汽车漆。包括砖瓦这些，为了环保要求，现在已经不允许进行砖瓦烧制，那么研发出新的替代产品是必然趋势。

扬派叠石的历史之盛与现实之困

方　惠

图片来源：程恺摄

作者简介：

方惠，传统营造技艺省级代表性传承人。

方惠先生从事叠石工作 40 年，曾经与扬州传统叠石家族王氏后人共同工作 10 年，独立叠石 20 年。著有我国第一部叠石造山学方面的专著《叠石造山》，此外《叠石造山法》《叠石造山的理论与技法》等著作现已作为叠石造山工程规范与验收标准。现担任扬州职业大学等高校园林专业的代课教师，代表作品为无锡蠡园、上海鲜花港、扬州江海学院假山等。

春景选用石笋插入竹林中

夏景选用湖石叠于池畔

秋景选用黄石堆叠假山

冬景选雪石堆叠雪狮

历史上扬派叠石盛极一时

在历史上，扬州叠石技艺成熟较晚，史书中记载明代以前的扬派叠石就只有梅园。清代以后盐商多了，扬州造园逐渐增多，吸引了全国各地包括苏州的叠石高手集中到扬州。这些高手相互之间展开竞争，并结合扬州盐商的审美进行创作。当时扬州盐商主体是安徽人，他们的审美是追求真山的感觉。所以扬州的假山在起步的时候，并不是扬州本地人创造的，而是当时的盐商和全国的文人与工匠共同创作的。后来在造园高潮时期，扬州的（园林）假山成为全国第一。清代有"杭州以湖光胜，苏州以市肆胜，扬州以园林胜，园林以叠石胜"的说法（《扬州画舫录》）。扬州园林之所以好，就是因为假山好，而这个假山就是在汇聚了全国的力量，并且是在形成自己独特技法

扬州个园（典型的前宅后园式江南私家园林，园内假山叠石是古人"扬州以园亭胜，园亭以叠石胜"的绝好注解，其最负盛名者是以笋石、湖石、黄石、宣石叠成的春夏秋冬四季假山）

图片来源：扬州市园林管理局提供

179

的基础上形成的。当时园林界公认的造园家都在扬州留下了作品，其中叠山名家戈裕良在扬州堆了秦氏意园小盘谷等，载于扬州的史书之中，但现在实体已被毁。他在苏州堆的环秀山庄，被园林界和古建筑界认为是中国目前现存假山的最高水平。发展至今，扬派叠石最大的风格是"山意"，就是看起来更像真山，讲究山的磅礴、山的气势。而苏州叠石，往往更重"石意"，注重突出的是石头的奇形怪状、歪歪曲曲。此外，扬州叠石更加注重与园林的结合，通过贴墙堆假山的方法，营造山外有山的意境，让人产生不是园内有山，而是山内有园的错觉。

当前技艺传承面临重重问题

一是缺乏对传统技艺的认识和尊重。比如修复何园的时候，合同上要求20年不用维修。看起来似乎是抓好了施工质量，实际上是对传统文化的一种破坏。古人堆假山是有意识留空、留缝，但是现在为了牢固，把假山缝里灌满水泥。清代修缮多用糯米汁作为黏合剂，如今配方已经遗失，无法恢复这种工艺了。那么，我认为现在修缮的时候，必须把石缝中的这些糯米汁保留下来，以代表和传承传统的材料与做法，最后再用薄薄的水泥覆盖勾缝。另外，由于糯米黏性不够，所以传统的扬州假山挂石是用铁器勾连的，年久失修，很多石头脱落，露出了铁件。按照我的理解，应该使用新材料以防止铁件继续生

扬州何园（通过假山的堆叠，把原本封闭压抑的高墙深院变成了一座名副其实的"城市山林"）

图片来源：扬州市园林管理局提供

上海鲜花港黄石山（用石万吨，高近20米，面阔160米，瀑布高9米，阔12米，山中洞壑百米，山路可上下攀游数百米）

图片来源：方惠提供

南京美庐私宅（依山叠广东英德石近万吨，筑百米城墙，墙中夹石，依山势建长廊百米，亭阁数间，此图为施工时下雨间隙）

图片来源：方惠提供

锈，再用新技术模仿传统的做法。而现实中，为了追求快，施工队往往采取一律砍掉重做的方式。这也导致很多传统工艺的流失。

二是假山定额标准只重视数量和速度核算。1982年，建设部出台了定额规定，按照假山吨位算账。这就跟书画按照数量定价一样，是扰乱叠石行业的规定。堆山需要动脑子，打个比方，我一天最多堆3～4吨，但是有的人一天堆30吨、50吨。这样的收益要比我多太多了。所以到年底结算工资，我是最低的，也就没有人愿意跟着我做工了。这样只追求数量效益、不追求技艺的环境，对传统技艺的传承也是一种妨碍。当年扬州的某假山项目要求44天完成20000吨以上的叠石，明确提出"提前一天奖励一万，推迟一天罚款三万"。44天，去掉前期准备工作和下雨天，实打实算40天，也就是每天需要堆500吨。而实际整个扬州个园的假山总量也不超过3000吨，这就意味着个园的假山五六天就能堆完。这样追求速度和吨位

方惠先生为学员现场
讲解假山堆叠精妙之
处时的场景

图片来源：方惠提供

的工程，根本谈不上在技艺上精益求精，其效果也就可想而知了。但是，给叠石行业定标准，也是非常难的。叠石不同于瓦匠、工匠，它是不可复制的。叠石是一种艺术创造，作品的呈现永远千变万化，没有统一衡量的办法。

三是资质规定限制工匠参与。现在的项目招标都需要资质，很多我们这种没有资质的老匠人，根本无法通过一般的方式参与和承包这些维修。要么义务劳动，要么政府立项邀请。一般都是我们（工匠）拿出具体维修的方案和技艺，但真正修的时候跟我们就没有关系了。

政府需要多角度关注推动技艺传承

对于扬州传统园林叠石技艺的传承，我觉得政府有以下几点可以做。

一是礼贤下士挑选真正的工匠。必须改变现在的评选制度，应该让懂技术的人评定职称、评选工艺大师，从而防止有钱有权没技术的人参加评选。比如宜兴评紫砂壶大师有一个推荐制度，由四位真正的行业公认的工艺大师进行评选，四位大师亲自签名证明参选人懂技艺，必须四人同时认定才可通过。避免外行人评定，减少人情和利益往来。在造园和叠石这一

块，政府必须听取内行的，而不是听领导的。

二是为技艺传承提供实践机会。政府部门，比如园林局，可以给愿意学的学生发工资，减少传承人的经济压力。然后由政府委托项目，指定由传承人负责，带着学生一起做，教学生传统技艺，给学生提供实践机会。

三是加大宣传力度。提高工匠的社会美誉度和社会地位，弘扬传承工匠精神。

做传统技艺的
传递者

顾建明

图片来源：程恺摄

作者简介：

　　顾建明，传统营造技艺省级代表性传承人，中国园林古建技术名师，高级工程师，现任苏州艺苑古建筑工程有限公司董事长。

　　顾建明先生 1990 年被评为木工技师（由国家劳动人事部颁发），先后参与南京原总统府煦园、常州文笔塔、苏州园林艺圃、湖州莲花庄公园、飞英公园、拙政园和美国纽约大都会博物馆明轩、加拿大温哥华中山公园、韩国全州苏州街牌楼、湖州市衣裳街历史街区改造工程等多个国内外重大园林古建筑修复与施工项目，其中加拿大温哥华中山公园获国际城市特别奖，浙江嘉善吴镇纪念馆获评优良工程。

1955 年，我出生在一个世代工匠之家，初中毕业正好赶上"文革"中的"批林批孔"，继续读书做不到了，于是我思考自己的出路在哪里，好在家里名匠辈出，便决定跟着前辈学手艺。香山匠人历来就是父带子、师带徒、舅带甥、亲戚带亲戚、邻居带邻居的传承方式。于是，我就拜自己外祖父、著名的香山木工顾耀根当师父，学做木工。顾耀根的主要技艺就是大木作，曾参与虎丘塔大修，在业内颇有名气，当时在苏州建筑公司第十工程队工作。

传统木匠技术先要学好四样基本功，这就是"推刨子、拉锯子、斩斧子、凿榫眼"，每天我几乎都重复相同的动作，边学边练。这几样手艺要做到得心应手，才能开始学习划线、打样、接卯等更高级的技术。光这几门基本手艺，一学就是整整三年。因为不是正式在编人员，学艺是没有工资的，有时不固定地领到 10 多元钱，就开心得不得了。正是在物质生活贫乏，工作条件艰苦的情况下，我练就了一身扎实的基本功。当时苏建第十工程队的技术负责人顾炳元是我的亲舅舅。作为曾参加过苏州多项古建筑修缮、南京长江大桥援建工程的老匠师，他也给了我很多技术指点。在老一辈的言传身教和自己的勤学苦练下，年轻的我迅速地成长起来了。

1978 年底，国家建委和美国纽约大都会艺术博物馆达成协议，由中方仿照网师园殿春簃庭院的艺术风格，在该博物馆建造一座苏州古典园林式庭院，这项工程由当时的苏州园林管理处负责实施。在市政府协调下，城建口在全市范围内抽调精兵强将，组建"殿春簃工程筹建组"（即"明轩"工程）。我幸运

美国明轩

图片来源：顾建明提供

187

常州文笔塔

图片来源：顾建明提供

入选，迎来了自己人生中一次重大转折。这个工程，不仅开拓了我的眼界，提高了我的技术水平，更重要的是，让我懂得了很多做人的道理，懂得了怎么样才能成为一个好工匠。在殿春簃工程组的经历，我至今历历在目。

由于名额有限，我未能进入赴美工匠的大名单，而是进了当时刚成立的苏州古典园林建筑公司，当木工组副组长，在这个属于自己的舞台上一展拳脚。"明轩"工程以后，我先是参与了南京"总统府"西花园修缮工程，接着在陆文安的带领下，与24名木工同行一起，在常州文笔塔修复工地呆了一年半。文笔塔始建于南朝齐高祖萧道成建元年间，屡有兴废，现塔建于宋代，近代经历太平天国战争和抗日战争后，围廊、外檐全部被毁，塔顶葫芦掉落，一片狼藉。

经过几百个日夜的奋战，姑苏工匠们重立了塔心木，将坠落在地的铁葫芦吊装好，又重建了檐口、戗角，千年古刹终于重新获得了新生。在老师傅的现场指导下，我主要负责外檐桁条和塔身7级8面56个戗角的制作和安装。明轩工程和文笔塔工程，是我在技术上趋于成熟的真正转折点。从老师傅陆文安身上，我不仅学到了绝活，更学会了如何做人。

1982年，从常州回到苏州的我，又走进了艺圃维修工地。艺圃建于明代，至今仍保留着真正明式式样的厅堂和亭子，但因长期被用作工厂，已经破败不堪。主厅博雅堂当中三间为厅，东西各一间为厢房，八架五柱落地，前卷式扁作厅，月梁上有山雾云雕，柱上再装饰枫拱，厅中四只步柱柱础为青石覆盆加扁圆楠木鼓凳，墙下部的清水砖勒脚，线条古朴流畅，具有典型的明式风格。因年久失修，有些构件已经腐烂，需要落架大修，我主要负责这座明代建筑的维修。根据国家文物保护法，维修时必须严格采用原材料、原工艺、原法式，这是考量大木作技艺水平的标杆工程。

当时完全按照传统的做法，拆除前先把整体尺寸测量好，把每个构件进行编号。卸下来后，照原样平摊在地上，按工艺装配要求，画出制作图样，然后对每个部件进行维修。已损坏的老构件，能修则修，不能修的按原材质补上，并一一做好文物档案记录，最后按图样安装。这既是古建营造法式的操作方法，也符合当代按图纸施工的要求，但传统方法更能保证古建筑的原汁原味。艺圃是改革开放以后，苏州第一个完整修复的古典园林，并获得了部级大奖。在艺圃修复过程中，我真正实现了在古建技术上的一次飞跃！

1986 年，我作为援外工程技术人员之一，远赴加拿大，建造温哥华中山公园逸园。1990 年，我获得了当时的劳动人

| 艺圃

图片来源：顾建明提供

顾建明的木工加工场	雕花扁作梁
图片来源：顾建明提供	图片来源：顾建明提供

事部颁发的木工技师证书，这也是在国家层面上第一次向木工这个工种颁证，当时在苏州获得这个称号的技工中，我是最年轻的。

20多年来，我的作品走出了苏州，走出了国界，我也带出了一批能独当一面的年轻技师。在我看来，老老实实做事，踏踏实实做人，是一个工匠的本分和本色。

面对古建筑技艺的传承现状，将传统古建筑营造技艺传承下去，是自己最愿意做的事情。目前，从事这个行业的老师傅还有一批人，但传承是个大问题。传统建筑的榫卯技术，是一门大学问，需要有过硬的基本功，还需要文化知识的积累。培养一位高级匠师，不是一蹴而就的事情。

工具的改良和创新，可以减轻劳动强度，缩短工期，有些材料的前期工厂化处理，甚至能取代一部分技术。但传统建筑的内容博大精深，历代沉淀下来的深厚技艺还有待进一步挖掘总结，并且有着广阔的发展前景。为了古建筑保护事业，为了古建技术后继有人，我将坚定不渝地走下去！

让年轻人爱上
传统技艺

——张喜平

图片来源：张喜平提供

作者简介：

张喜平，传统营造技艺市级代表性传承人。

根据家族谱系，张喜平先生是泥塑传统技艺的第四代传承人。他自幼跟随父亲学艺，专攻水作，尤其擅长古建泥塑堆塑，其作品《福禄寿三星》《松鹤延年》等形态逼真，线条飘逸，稳重大方，已经成为教科书式的样板。同时，他还勤恳好学，在古建木作、石作、水作等领域都有所涉猎，多次参加香山帮古建技艺挖掘和抢救课题研究。并曾参与新加坡蕴绣园、上海松江西林禅寺大雄宝殿（上海建设工程"白玉兰"奖优质工程奖金奖）、上海豫园商城天裕楼（中国建筑工程"鲁班奖"）等传统园林建筑工程项目。

色彩素净是苏州堆塑的特色

　　堆塑是传统营造中的一种重要装饰手法，在全国各地都有，且各具特色。苏州堆塑在色彩上较为素净，以黑白灰三色为主，通过黑白两种涂料以及水泥本身的灰色表现。山西、安徽多为彩塑，四川地区的形态飘逸妖娆，闽南地区则多用彩色瓷片拼贴而成。

不想学的人来了也白来

　　我是苏州市技师协会副会长，通过协会的平台与苏州市劳动部门合作，针对企业需求，开展了一些古建技术培训，包括古建瓦工、古建木工、古建假山工、砖砌砖雕等，通过为期

| 上海豫园砖细墙门

图片来源：张喜平提供

| 通州二甲镇香光寺大雄宝殿施工中的《团龙喷水》

图片来源：张喜平提供

| 《和合二仙》《万象更新》（人物造型逼真，栩栩如生。泥塑图案如凝固的舞蹈，以静态的造型表现了运动）

图片来源：张喜平提供

《春夏秋冬》《富贵牡丹》

图片来源：张喜平提供

三个月左右、几十个课时的培训，为达到一定技术水平的受训者颁发相应级别的资格证书。

学徒的选择要考虑有美术功底、热爱行业的，有一定悟性的。过去的学徒非常辛苦，最起码经历九年的学习，对各类做法都完全掌握并经过重重考核后，才能出师。现在的学习过程大大缩短了，学徒对行业的热爱程度不足。所以年轻人要培养他的爱好，现在有些年轻人哪怕给他一个技术他也不干，就是坐在办公室玩电脑。学这个手艺很苦的，大冷天我们在屋面上做，脚上穿两双袜子都不行，夏天又晒得要命，都晒成黑人了。我学手艺时晚上也加班，继续练习，父亲就在旁边看，如果做得不行，就推倒重来。所以关键要喜欢这个行业，不管多少（钱）、什么技术，如果他不喜欢他肯定要转行的。

和一般的泥瓦工不同，古建筑的泥瓦工可不光是"力气活"。整个过程就是一个艺术创作，要有工笔白描基础，还要懂得人体结构的比例。如一匹马的图案，不仅要研究好它的构图，还要研究它奔跑的姿势，这样才能将这匹马塑得好。当然，对于想学的年轻人来说，有了热情还不够，学习古建筑手艺不但学生要肯学，还要老师肯教才行，学习这门手艺没有师父领也是不行的。

不能让传统营造技艺人才流失

伴随着社会的不断发展，传统营造技艺的人才与传授者正在一点点流失。从事传统营造工艺事业是一件很艰苦的事情，需要决心和毅力，许多年轻人害怕吃苦，同时也顾虑普通匠人的微薄收入，宁愿选择外出打工也不愿传承这门技艺。但我一定会做好传承人，将自己从老一辈香山匠人继承下来的建筑手艺尽可能地传承下去，将自己推陈出新的"新工艺""新造

张喜平在上海龙华寺木牌楼工程的施工场景（运用香山帮营造技术完成了《屋脊的鱼吻》《竖带上天皇》泥塑作品）

图片来源：张喜平提供

张喜平先生担任江苏乡土人才传统技艺技能大赛现场评委时的场景

图片来源：张喜平提供

张喜平先生与建艺系师生面对面交流时的场景

图片来源：张喜平提供

型"也传承下去，继续保持住苏州香山匠人独特的造园艺术与文化。我觉得要培养更多的传统技工大军，必须要在做好传承工作的基础上，加大专业人才的培训力度。比如校企合作，送技术下企业，同时拍摄一些纪录片，将这门技术流程展现给更多的市民，不但能让更多的年轻人对这个技能感兴趣，也能提升泥瓦工在人们心目中的形象和社会地位。

另外，我还在思考将这门手艺传给一些腿脚残疾的人士，由于古建泥瓦工需要坐着工作，那些腿脚不便的人能更好地胜任这项工作，这样既为他们解决了生活来源，也算是从侧面为社会做点贡献，一举两得。

要改改传承人申报制度，让更多有手艺的人也能当传承人

我的年收入大概十几万元（不包括奖金），这种收入在现在的建筑行业应该算中下等的。由于传承人身份是由文化、劳动部门评定，而实际建设项目的招投标工作则由建设部门监督开展，因此在目前的企业运营中（如招投标），建造资格占主要因素，传统建造技师常被忽略，其收入与其他建造师一样，主要与资格证挂钩，传承人的身份在工资考核里虽有一定作用，但其价值仍难在收入上得到实际体现，只能作为企业荣誉，成为企业无形资产。

（非物质文化遗产传承人申报）这件事情是有规定，我们传承人都有一个谱系，最起码是三四代，我是第四代。因为我本身是和陆总（陆耀祖）一起评国家级的，一起报的，后来因为年龄问题，他们说我资历不够，年纪小，就没有被报上去。后来我想我们年纪轻，以后有的是机会。有几代传承，有一个谱系，然后还有许多作品，话确实是对的，但是在评选制度上，我现在个人认为，还有许多可以改革的。社会上，还是有许多手艺比较好的（师傅），没有被评为传承人。因为他们不在传承谱系里。我们建设部门能不能帮他们申请，在传承人的评选标准上面做一些调整，将那些经过调研确认是掌握这个传统技艺的人申报成为传承人。

传统木作技艺的守护与进取

郁文贤

图片来源：程恺摄

作者简介：

　　郁文贤，传统营造技艺市级代表性传承人，擅长木工、雕工，精通各类木花窗、挂落、飞罩以及家具等制作。

　　郁文贤先生先后负责和参与苏州玉涵堂修复、张氏义庄整体移建、冈州会馆、苏州明清家具博物馆、光福德馀山庄等工程的木作，曾多次获得苏州市文物保护优秀工程奖、苏州古建筑营造修复特别贡献奖，被评为"江苏省有突出贡献技师""苏州市姑苏高技能突出人才"，参加中央电视台 CCTV"互动空间"竞赛获"电视超人"荣誉称号。

我从 16 岁初中毕业之后就开始跟师傅林龙兴学木工手艺，学了三年。三年出师后，我在农村开始从造房子、做家具慢慢做起来，后来逐步接触做制模之类的工作。20 多岁到了苏州市区之后，我开始研究苏州的园林。那时候听邻居的木工讲，苏州大户人家的园林做得很好。我一到苏州就去找，一看那个园林就觉得真的非常好，我就在想我什么时候能学会，能会做就好了。从那时开始，三十多年了，今年我已经 56 岁了，一直在研究苏州园林的做法。

　　2002 年，苏州的经济已经很发达了。苏州市政府修复了很多古建筑。我也参加了苏州山塘街的修复工程，一做就做了五六年。我在山塘街的第一个工程是玉涵堂（吴一鹏故居），占地面积蛮大的，房子已经很老了，原来是做仓库用，有的部分已经没有了，需要设计师重新补上图。我做了玉涵堂中的一个花篮厅，当时是 2002 年，古建一般用银杏木做门窗，但现

| 玉涵堂花篮厅正立面
图片来源：郁文贤提供

| 玉涵堂花篮厅家具陈设
图片来源：郁文贤提供

| 玉涵堂花篮厅轩架
图片来源：郁文贤提供

冈州会馆水榭

图片来源：郁文贤提供

冈州会馆内庭院

图片来源：郁文贤提供

传统木作技艺的守护与进取

荣誉证书

苏州太湖古典园林建筑有限公司：

你公司承担的山塘街玉涵堂修复工程荣获首届苏州市文物保护优秀工程二等奖，特发此证。

获奖证书

图片来源：郁文贤提供

在银杏树很名贵，不能砍伐，去找旧木头呢，长度又不够。我就记得我以前做过一套家具，用的是 20 世纪 80 年代初期从印度尼西亚进口的一种木头叫"菠萝格"，"菠萝格"稳定性比较好，我就用那个"菠萝格"代替银杏，做了门窗。实际上从那时候开始，"菠萝格"在中国的市场用量就非常大，现在私家花园百分之七八十都是用"菠萝格"做的。是我最早把"菠萝格"用到古建筑上，这是古建木作在材料上的一次突破，因为在这之前"菠萝格"都只是做家具的。

玉涵堂是个明代建筑，是文保单位。房子很大，我们把修复分为东、中、西三路，我做的是西路，西路的房子，原有的房子仍然保存，但是坏掉的东西，我们补的、换的都很隐蔽，看不出来。特别是古代的墙不太牢固，我们仍保持墙的原来面貌，根据原来的工序补上去，以前的工艺现在我们的匠人都可以做，用老的材料、做法，可以做得一模一样。

在我修复的这些古建筑中，其中有两个很有名，苏州玉涵堂（吴一鹏故居）和冈州会馆。后来获得了好多奖，其中玉涵堂修复（吴一鹏故居）获了首届苏州市文物保护优秀工程二等奖，冈州会馆工程获优良工程奖。

我做的仿古建筑里，印象深刻的也有两个，一个是在拙政园边上由两个厂区改造而成的苏州明清家具博物馆，所有的建筑材料用的都是红木、红花梨，木结构包括木头门上的雕刻都做得很精细。我们现在带客户进去看了之后，他们都不想走，太漂亮了。另一个是留园隔壁的一个别墅，主人就是明清家具博物馆的老总。起初，这个别墅是他自己家人去找的工匠，做了半年后，发现不对，又另外再找人来做，前后找了五帮人，五帮人下来都不对他胃口。后来叫家具博物馆当时负责基建的负责人找我过去。这个别墅的业主姓钱，人很客气，我到他家跟他谈，我就说，"钱总，香山帮有规矩，人家已经干的活儿，我不会接着干的，如果非要我帮你继续做下去，前提是你要给我足够的时间。"他问我明年这个时候行不行，我说差不多。后来我就答应了，他那个活儿只有两亩地，我带着20几个木工做了整整20个月才完工，他等得有点不耐烦了。这个私家花园面积不太大，但是做得很精美，得到了很多内行人的认可。

我们香山帮营造技艺分为8个工种，很规范的，这是从明朝到民国那么多年来积累的经验，不大可能进行大的改动，现在能动的部分，就是把结构做好之后的部分，包括铺瓦、铺青砖、墙壁上的贴面等，这些是可以和现代结构结合起来。钱总家的那个院子，做得比较好的地方一是砖雕，这个砖雕在苏州是数一数二的。二是石雕，采用了福建的工艺，福建的石雕在全国也比较有名，他很喜欢。三是采用本地的花岗岩，也就是我们讲的金山石。四是最关键的木结构部分。这也是为什么他最后还是决定找我的原因。木结构在苏州园林中是真正的中流砥柱。木结构很复杂，要考虑木料的大小、承受能力等，柱子的形态很自然，呈现出下面大，上面小的样子。为什么呢，一方面它不浪费材料，另一方面和树的生长状态一致，树的自然状态就是下面大，上面小。我用的那个桁条，既要受力，看上去还要平。那个院子这四点做得非常好。

苏州的木结构为什么好看，首先是用料自然、巧妙，包括它的雕花是点缀性的，不像徽派或者广州雕，雕得非常漂亮，但是整体看上去很"闷"。苏州的园林突出的是自然，就地取材。像那个院子里面的一个假山就是用太湖的石头，现在都采光了，没有了，要从外地拉来，能够叠上去，还不行，要掌握它的颜色，要掌握石头的受力特点，包括它用的土，搭配的花木、草都很合理，整体上都是诗情画意。像徽派整体很牛，但整体风格上和苏州是两个风格，但不能说它不好。

现在我们建造的过程都是采用手工与现代机器结合。这个方面我解释一下，原

| 明清家具博物馆艺术长廊正立面
图片来源：郁文贤提供

| 明清家具博物馆艺术长廊立面
图片来源：郁文贤提供

| 明清家具博物馆一枝藤挂落
图片来源：郁文贤提供

| 明清家具博物馆红木家具展厅长窗局部
图片来源：郁文贤提供

| 明清家具博物馆红木家具展厅长窗局部
图片来源：郁文贤提供

| 明清家具博物馆花篮厅飞罩（未油漆）及长窗
图片来源：郁文贤提供

来学木工的时候，用斧子砍，把很弯的木头砍直，用刨子刨，这不是一天两天能做成的，一个月才可以刨出来。但现在的机械非常好，我们一定要用。现在的机械操作很准，3米的料刨出来，拼出来没有缝隙。机械设备代替了基本功，而且省时省力，学起来又相对好学。现在划线仍需要人工操作，开榫、凿

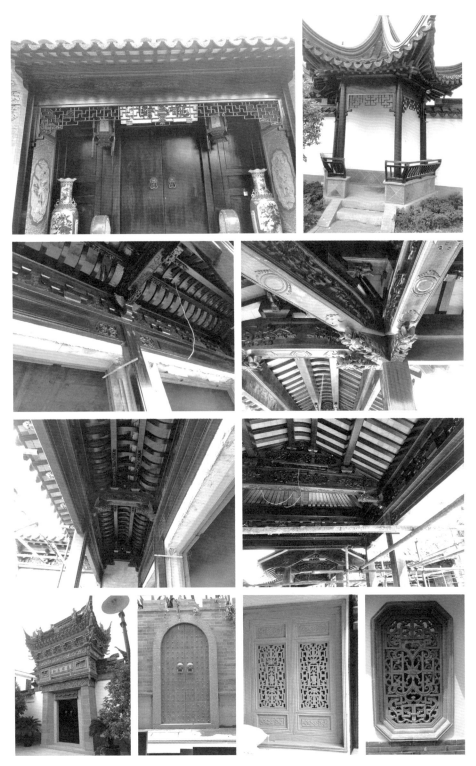

别墅项目细节处理

图片来源：郁文贤提供

卯都是机器，机器实现不了的我们要慢慢用小锉锉出来，到最后装配的时候又需要传统的人工。通过机器代替，大概能省去三分之一的工序，所以，一定要用机器。

随着现代科技的发展，木工的雕花也可以用电脑雕刻。比如说家具，一套沙发的雕花，不能说是电脑雕得就不好，手工做得就是好，不该是这个概念。电脑雕花也在用你的大脑，大脑就是指挥，图、纹做到位了，雕出来一样的，但不是一凿子一凿子凿出来的，一个图形全部打磨出来是一个毛坯，到最后还是要慢慢用手工修出来。有时候有人到我的作坊来看，我说你们平时不要只听是手工做的，都是骗你的，现在只有傻瓜才会采用原始的工具雕花，这是不可能的，都是用机器操作，然后细部再用手工修出来，也不是全纯手工。机器一定要用，不用不行。

1996年，中国的昆曲受邀去美国纽约的林肯中心表演。由于昆曲很讲究道具、戏台，但是当时有关方面对现有的戏台不满意，中央民族学院的人亲自到苏州来找人做戏台，找到了我原来的启蒙师傅，但是他是做民居的，对那个也不是很专业，他就带着我一起去北京，让我参加昆剧戏台的制作。我们去的时候说一个月要干完，到了北京缩短到要20天干完，我们加班加点完成了。戏台做好之后就放到上海去彩排，彩排的时候我去安装了。这个戏台从美国再运到法国后，法国那个导演看了非常兴奋。我印象中，正是从那个时候开始，昆曲开始在国内蓬勃兴起。

我还记得，演出的昆曲是《牡丹亭》，我们帮他做的这个戏台前面没有柱子，后面有柱子，上面一个帽子，帽子的边上我专门雕刻了中国的二十四孝，24个故事，传递给外国人中国的民族文化。底下有个美人靠，美人靠前边有一个水池，里面可以养鱼，展示古代中国人如何将水灌溉在田里面的一个水池，在上面用脚蹬，那个水就慢慢流上去了。这个工序很复杂，现在都没人会做了，因为我们现在不做这个活了。当时我们做的时候，北京人很喜欢我用的凿子、刨子，最后他们有几个同志到上海来的时候把我的凿子、刨子等小的东西带走了，应该是保留作为纪念了。

还有一个印象深刻的项目是中石油总部，要求我们在24层室内造一个院子，设计是金螳螂设计的。中石油老总在上海待过一段时间，他很喜欢苏州的园林。他们就在网上找到我们太湖古典园林建筑有限公司，这个活儿揽下来之后，公司让我去施工，我一看24层楼玻璃全部封闭，靠空调送风，下面全是办公楼，要晚上八点才能施工，有时12点就下班，有的时候做到两三点就下班，时间很不好利用。这个活做得很好，也很艰苦。由于苏州和北京的气候不同，苏州木材的含水率是12%，运到了北京全部干得没有水分，稳定性受影响。我们处理大料没有到位，只有表层是干的，里面不干。我担心稳定性受影响，一年之后我去看了看，稳定性还好，就修了一次，后来基本上就稳定了。

当时那个院子分三部分，中园有300多平方米，四面的墙面有假山流水、瀑布。

东园是船坊，就是苏州园林里面那个经典的船，寓言是传子传孙，船坊里面是喝茶的茶室。靠近西边的院子做了一个亭子，那个亭子很难处置，它的高度我记得好像只有 2.6 米，但是亭子顶要超过 3 米，通过比例的调整最后建好的那个亭子很完美。

中石油的老总讲我这个院子做好了，一定要请壳牌的老总过来看看，那个时候真的请来了。当时是怎么招待他呢，在茶室里面请他喝茶，请人在我做的亭子里听苏州评弹，他很喜欢，后来过了一年又来了。那个院子确实是做得很好，我从来没有留过名，在那个院子里面我留了名字，因为是老总要求把我名字留下来。那个院子是在室内，假山、小桥流水都有，包括花花草草，就像真的在园子里一样。

现在不只是苏州，越来越多的城市，甚至是国外的城市也开始建造苏州园林。2002 年之前，我到上海去做活，上海经济发达，这个地方弄一个假山，那个地方弄个亭子，做了好几年。2002 年之后我回到苏州，苏州经济开始发达，苏州仿古建筑的别墅非常多，都想做诗情画意、精巧灵动的小园林。靠近我们东渚镇有三个别墅区，都是带仿古元素的，很受人青睐。还有苏州独墅湖的桃花源，它是苏州最大的别墅区，配套了一个苏州小园林。还有我现在做的一栋别墅，下面是混凝土结构，上面的瓦片和底下的砖全部是仿古的。院子里有个小的

| 中石油 24 层园林配套砖细门景

图片来源：郁文贤提供

| 中石油 24 层园林配套工程

图片来源：郁文贤提供

园林，最漂亮的就是叠山，里面还有一个花厅，可以招待朋友，自己早晨起来透透空气、养养鱼也很好。所以很多外地人远道而来，发现苏州园林的古、秀、精、雅，就喜欢上了。

我做过一个东北的项目，带他到我做好的院子里去看，那天下雨他也没打伞，问他不怕淋湿么？他说不怕，因为他看到了他想要的东西。我跟他讲，我从来不先谈价钱，我先谈的是时间，你没有足够的时间让我做，我做不好的。再一个要有足够的钱，没有足够的钱也做不好的。他说他愿意等，问我要多长时间，我说一年，他给了我一年时间。后来我一年帮他做好了，做好了之后他喜欢得惊呆了，在苏州市场上这个木结构是最顶级的。

2008 年 3 月，中央电视台举办了一场"互动空间电视超人比赛——古典家具制作赛"，我参加了这个比赛，经过蒙眼锯红木、快速辨木材、榫卯结构承重、现场制作案几等几个回合的比赛，最后我获得了亚军，赢得"电视超人"的称号。2010 年，我被评选为苏州市非物质文化遗产香山帮代表性传承人。

我学艺的时候学了三年，三年的时间没有工钱。我自己30 岁之前带了 8 个徒弟，那个时候也是带了三年，三年不给徒弟付钱，其中有一个徒弟跟我时间很长，到现在为止已经将

苏州独墅湖的桃花源

图片来源：郁文贤提供

近合作了30年了。但是那时候我们的文化程度比较低，没有上过什么学，对技能的学习主要靠手把手地教，但是我认为系统地学习传统营造方面的知识是非常必要的。

我觉得现在的建筑师、建造师，也很有必要学习一些传统营造方面的知识。打个比方，现在很多地方要做传统风格的建筑，如果设计师对中式的东西一知半解，可能这栋建筑的设计就不太完美。所以设计师一定要研究《营造法原》或者香山帮传统建筑营造技艺。做施工的，我说的是建造师，就是项目经理，如果不懂行，不能把图纸看好，怎么去指挥，设计错的就会按错的做。所以，项目经理也要有发现问题的能力，一个好的建造师，一个好的项目经理，他也要掌握这方面的知识，他负责的建筑造出来才不会有错，而且跟着他干的匠人按照他的要求也会提高水平。所以一定要主动去学习。

文保单位我也修过不少，古代房子都是木结构，柱子砌在墙里面，两边都是砌墙，由于古代的防腐处置不到位，根据我的经验，要修的房子柱子基本上已经一半烂在墙里了。那个墙不能拆掉，木头在里面，我们怎么去修呢？要把每一根梁都顶起来，把那个柱子挖出来。把里面不太好的挖掉，要保证这个木头的承受能力，不能断。

古建筑中，你要考虑木材的表皮，随着时间开始风化，每个木头的木纹就会表现出来，哪个地方烂掉一部分，你要细细地找一块比较接近的把它补进去，补进去的木材一定要干，最好是已经用过的，补的部分基本上看不出来。实际上，房子在修复的过程中，把老的东西留住了，把现代的东西补进去了，就算你有本事的。

最难处理的修复是木头外两侧的墙不牢固，老早的墙和现在混凝土比没有那么结实，完全是靠石灰和糯米浆凝结而成，那个墙一旦拆掉一部分，外立面就全部破裂了，这是不行的。所以我们要保护那个墙，修复时想一些很好的办法去补救它，而不是随意拆除它。这个过程，文保单位的专家和我们都要参加，因为在一线干的人有经验，我们现场修补的经验比他们强，不是有一张图纸就一味按照上面去做，不是那么回事儿，需要我们和文物管理部门的人协商。这个施工环节里面其实需要很多人协作，比如说规划设计、现场施工，包括更前端的现场测绘和勘察等，要诊断建筑的特性，探测具体部位，研究修复的地方。修复过程中不能改变它的原貌，要原汁原味地修上去。

这几年我没有离开过苏州，基本都在苏州工作，现在我有一个工作室，采用工作室的模式开展工作。苏州干活儿接触的多是别墅，因为苏州现在的经济发展很好，有钱人很多，特别是东西山丘陵地带，我们这一行的市场前景非常好，关键缺少工人。2008年，我在造明清家具博物馆的时候，有35个木工，到2018年，刚好10年，10年现在只剩下10个人。

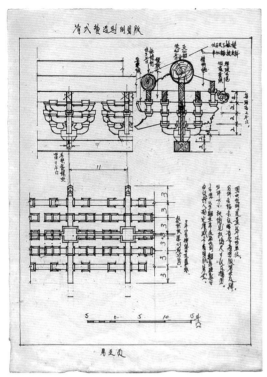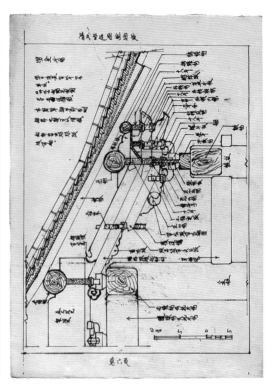

| 大悲阁手绘图纸
图片来源：郁文贤提供

实际上，苏州需要做古建项目的人非常多，需求量很大，我手上的活儿根本做不完，还有人来找我做，我让他等到明年。人家都说这个行业赚的钱不高，我觉得并不是，收入还是可以的，像我们那个带班师，月收入近一万元，好的工人年收入基本上是 8～10 万，都是 45 岁以上的人。一般等级的工人也有 250 元一天，但是即使这样的收入，也只剩下十来个人了，未来这些老匠人的手艺无人传授，传统营造技艺的传承问题也显得特别严峻。

建筑文化传承需"儒""匠"结合

——孙统义

图片来源：程恺摄

作者简介：

孙统义，中国古建筑营造大师、中国文物学会理事、高级工程师，现任徐州清源园林工程有限公司经理、工程师。被联合国教科文组织和中国文学家协会授予"民间工艺美术家"称号（1995年9月），中国古建筑学会专家组成员（1995年）；江苏省级非物质文化遗产——徐州民居传统营造技艺市级传承人（2013年）；曾荣获中国建筑行业百名英才奖（2006年）；中国建筑文化研究会"罗哲文奖"（十大杰出人物）荣誉称号（2011年）、江苏省科协"老科技先进工作者"称号（2018年）、中国勘察协会传统建筑分会授予的"优秀传承人"称号等（2018年）。

近年来，孙统义先生先后在国家和一些地方有关刊物上发表了《浅谈徐州户部山古民居》《崔家大院》《李蟠和状元府》《救救徐州道台衙门》《徐州龟山汉墓是夫妻合葬墓吗》等20余篇学术论文。挖掘整理出有地方特色的脊兽造型"五脊六兽""插花云燕"等民间工艺，使这些濒临消亡的民间工艺得到传承和创新，培养了一批传统工艺人员，其中40余人已获得古建园林专业中高级资格上岗证书。

| 位于徐州汉文化景区有楚风汉韵的刘氏宗祠

　　图片来源：高晋祥摄

| 徐州权谨牌坊内涵丰富的独特脊饰造型

　　图片来源：高晋祥摄

| 徐州市户部山古民居崔焘故居上院东南隅

　　图片来源：高晋祥摄

| 邳州市周庄镇武河桥修缮保护工程

　　图片来源：高晋祥摄

| 徐州户部山明清时期古民居余家大院修缮保护工程

　　图片来源：高晋祥摄

原工艺原材料再现徐州民居里生外熟内墙体做法

图片来源：高晋祥摄

徐州民居里生外熟外墙面做法

图片来源：高晋祥摄

1960 年，我小学毕业，那个时候，我父亲患病，家里几乎没有劳动力，家庭生活非常困难。15 岁那年，同村擅长挑墙、苫草屋这一类技艺（混水活）的冯广田师傅收我为徒，我算是入了行。

后来，冯师傅与另一位擅长砖瓦技艺（清水活）的王振方师傅合伙成立了一个小工程队，专门在农村给农民建房子，包括修传统的院落和老房子。那时需要修的老房子比较多，有些大户人家的大院被政府机关用来办公，当粮库、学校等，由于工程队伍比较小，要求我们每一样活儿都要会做，必须是一个全才，就像今天的全科医生，这时候在修缮保护老建筑的过程中接触到了很多原汁原味的传统技艺。在工程队里，我逐渐对传统建筑产生了浓厚兴趣，经常干起活来就陶醉其中忘了时间，1960—1978 年的 18 年里，我逐渐掌握了传统建筑放线定位、砖活、石活、木活、挑墙、苫屋、屋架制作、古建筑修缮保护等技艺，成为当地技术全面技艺高超的匠人。

我能从一个匠人走到今日的古建大师，受到儒家文化的影响，离不开我人生中的"贵人"——江苏省著名作家丁汗稼先生。他作为下放干部到我们村，一家老小住在一所危房里。

我很同情他，像往常无偿帮助贫困户一样也帮他建了房。我采用了徐州当地常用的砌墙办法，外面用青砖，里面用土坯，我们那里叫"里生外熟墙"，造价便宜又舒适好用。房子盖好后，他很满意，并为此作诗。

丁汗稼先生为人很正直厚道、谦和踏实，极有涵养。在我眼里，他是儒家文化养育出的最优秀的炎黄子孙。他熟读经典，多才多艺，写过大量雅俗共赏的剧本，作诗更是张嘴就来，既有意境又有胸怀。在他下放的八年间，我们结下了深厚的友谊。他给我讲历史、戏剧、诗歌、传说，教我了解文学经典和民俗传统。他带我打开了传统文化的神秘大门。我跟他学到了很多文化知识，提高了文化水平，开阔了视野，培养了情操，弥补了我课堂学习的不足，极大地满足了我一直以来强烈的求知欲望，使我深刻地认识到，做事和做人一样，需要文化底蕴才能做到最好。于是，在建筑施工时，我开始不仅注重造型实用，也注意到建筑的文化内涵和形式优美。

1978年，在丁汗稼先生的推荐下，我被调到乡文化中心工作，不久，我就把文化中心的门头改成了传统建筑的样式，用上了徐州最有特色的"插花云燕"脊饰，当时引起极大轰动。"插花云燕"是徐州地方特色建筑的文化符号，文化内涵十分丰富。没有别的工匠会做，我只能自己用扁铁焊了云燕的铁件；没有土窑烧制，我就用水泥做的瑞兽。

这期间我感觉自己的建筑技艺还有待提高，就想到了我的表叔胡传会，他是徐州地区著名的传统建筑流派"车村帮"正宗的传人张培谏的徒弟，刚从徐州建筑公司退休。我邀请他到文化中心帮忙，成立了古建园林研究会，并拜他为师。

此后，我在建筑技艺上有了很大的飞跃，学到了真正高水平的、能代表徐州地区传统建筑的营造技艺，对徐州地区的传统建筑文化、地方特色、传统风貌有了更深入的了解。我成了行业中技艺精湛又很有权威的匠人。

改革开放伊始，我们国家百废俱兴，思想冲击交流很厉害。我在文化中心工作，经常接触到一些文人，受他们的影响，更加深刻地认识到古建筑不仅是建筑，更是艺术，是民族文化的一种表达形式和载体，也是无数游子的精神源头和乡愁记忆。

此后，我就对古建艺术不断研究尝试，包括成立了古建园林工程队；帮助建筑部门开设建筑培训班，我亲自教课，培养了232名学员，还专门成立了古建园林班；在文化站院内把垃圾坑改造成了小桥流水，建了亭子、走廊，内院门上做匾，写上"又一村"；请书法家题"弘文门"等，努力用建筑的形式表达和宣传传统文化。

1981年，文化中心被文化部评上了全国"自力更生、艰苦奋斗"先进集体，吸引了英国、法国、德国、日本、索马里、刚果、叙利亚七个国家的外宾和周边省市的文化工作者来参观。当时盛况空前，车水马龙，轰动一时。

几年后，我被派到微山湖畔新建的万亩渔场当主任，抓基本建设时，我亲自用

建于 1980 年的柳新乡文化中心弘义门

图片来源：高晋祥摄

"插花云燕"

图片来源：高晋祥摄

传统技艺做了一个大门楼，由于材料缺乏、资金有限，只能因陋就简地展现了部分"车村帮"营造技艺。没有想到这种传统文化的回归形式引起共鸣，又轰动一时，方圆几十里的人都跑去看。30 年过去了，到现在门楼还在见证着那段历史。

可以说，这些学习和尝试奠定了我古建筑研究的基础，在我成为一名真正的建筑业匠人之后，让我能放眼历史、民俗和建筑艺术的关系，结合自己的思考和体会，超前时代几十年，关注和实践古建筑的学习、研究、保护和修缮工作。我初步认识到"儒"和"匠"结合，可以产生实用价值和美学价值合二为一的效果，对人们正确地认识和弘扬传统文化起到一定的推动作用。

俗话说一方水土养一方人，徐州人比较直率豪爽，因此建筑的整体风格也是比较粗犷、豪放、拙朴、大气。在建

建于 1989 年的柳新镇万亩渔场大门近照

图片来源：高晋祥摄

| 有徐州地方特色工艺的插花兽和山花山云
图片来源：高晋祥摄

| "插花云燕"现已注册为公司商标
图片来源：高晋祥摄

| "五脊六兽"的徐州民居垂戗脊做法
图片来源：高晋祥摄

| 具有阳刚之气的徐州民居抹角带（戗脊）
图片来源：高晋祥摄

筑实践中，文化思想是匠人的水平标尺，我的成就也是在"儒""匠"的互学互研中成长的。

　　把民俗文化融入建筑作品，使其互学互研。徐州的建筑文化，对比其他地区有很多的不同。比如，苏州园林文人设计的影壁墙，四个角上的砖雕（又称角牙子）是梅兰竹菊等，意在表达主人的清高不俗；徐州历史上出过 35 位皇帝，所以反映在建筑上只有两个角花：草龙、草凤，即望子成龙、望女成凤之意。再比如，徐州的屋脊是缓缓翘起，线条很优美，但抹角带（戗脊）很有阳刚之气，屋顶用的兽头，如鱼尾、卷尾、张嘴兽、闭嘴兽等都和别处不同，最具代表性的就是"插花云燕"：顶端有燕迎风展翅，燕子下面祥云层层叠叠缭绕翻

徐州古民居脊兽部分
造型现已申请为公司
专利

图片来源：高晋祥摄

涌，中间以日月星辰为轴，最下面是插花的瑞兽，造型古朴生
动，整个组合体现的是祥瑞之意，是徐州地方文化的代表符号
之一。

徐州历史上是兵家必争之地，加上黄河水患，大家都不
愿意盖豪华的民居，所以房子体量较小，徐州人有"能叫家宽
不叫屋宽"的说法；也因为水患，长不出大树，只能用很细的
木头做梁架，徐州的工匠依靠科学原理设计建造了一种梁架，
叫"重梁起架"，能够承受合瓦屋面每平米两百多公斤的压力，
用料只有抬梁的四分之一且非常安全。据说这是"车村帮"传
人了不起的发明，在徐州地区，甚至整个淮海经济区这种梁架
都被广泛应用。

东南大学朱光亚教授听了我的介绍，很感兴趣。他说这
个梁架堪称"金字梁"，我说其实地方上叫"重梁起架"，这个

孙统义正在指导抬梁制作的重要节点

图片来源：高晋祥摄

利用木材大小头制作的"重梁起架"，更加节约、
科学、安全

图片来源：高晋祥摄

叫法很形象，就是两个梁上再搭上一个架（叉手）。

在做古建的时候还要注意一些民俗文化。比如做瓦的时候，一定要底瓦坐中，如果上瓦坐中，民间说的是"穿心箭"，会对家庭不利；做椽子的时候，民间讲究椽子一定要双数，预示多子多福，单椽则会人丁不旺；梁上不能放椽子，否则叫搅梁，家里出泼妇等。其实是结构上的需要被误传了，但这些民间风俗文化代表了百姓对生活的美好向往，是传统工匠建造和修缮时应该具备的常识。

有时，在房屋建设过程中，简单放线定位的建筑，甚至在现场直接找个小木棒做成尺子就能使用，这种传统工艺就是同老师傅学来的本事。如果有成片的四合院遗址，在需要复建的时候哪怕原本的屋子已经不存在了，只要能有一处基础，我就能推算出其他房屋位置，从一根椽子的尺寸就能基本推算出柱子梁架用料的尺寸，知道堂屋的尺寸就能知道东西屋的大小和高度。这些都可以遵循一定的规律和模式；这些东西如果不能熟练掌握，就不能算合格的工匠。

目前传统技艺缺失，有些施工队伍想偷工减料，就想用防水材料解决问题。南京有个专家曾说用防水材料可以延长房屋使用寿命，我说这是错误的。使用防水建材屋顶损坏得会更快，因为室内潮气向上，屋面变封闭了，它的呼吸系统就被切断了，木头就容易受潮而腐朽，如果不使用防水建材，通过砖瓦灰层来透气，太阳一晒潮气就蒸腾了，反而是对建筑的保护。古建筑防水的重点在下部，要使得墙体和木头柱子不受潮，脚站稳了，建筑才能延长寿命。

前段时间，我做过一个农村民居防潮示范，先用几个点支撑，把最底下的一皮（徐州方言，和"层"类似）砖全部换成石头或做好防水，分阶段解决防潮问题，效果良好。这些方法对其他房屋的建设也具有参考价值。

修缮崔焘故居上院时我有一个创新，得到了国家有关部门颁发的创新成果奖。徐州地区位于故黄河沿岸，形成的淤积平原泥土含沙量比较大，烧出的瓦片很容易渗水，合瓦屋面上盖瓦雨后很容易晒干，底瓦长期在下边是潮湿的，也容易损坏。针对这个问题，经专家论证报有关部门批准，我第一个采用了更换陶土底瓦的方式，解决了渗水问题，保护室内木构件，延长了建筑的寿命；第二个就是解决迎风勾檐滴水（瓦当）的问题。历史上可能是为了方便施工，檐口瓦杆做得较短，下雨的时候，雨水顺着瓦垄往下流，到檐口时冲击力越来越大，极易造成瓦当脱落发生危险。

我研究出一个办法：适当加长瓦杆的长度，提高灰浆的质量。这有效解决了勾檐漏水的问题。再有，当代工艺要借鉴和学习传统工艺优秀的部分，不能盲目结合。比如屋面挂瓦有人用水泥砂浆，这种材料没有可逆性，热胀冷缩，瓦层就容易坏掉。很多人说是瓦没烧好，其实不是，是材料运用不当。如果使用传统的材料，不仅瓦不容易坏，即便瓦坏了也可以随时拿下来换。当然这种传统材料的使用和尺度都要视情况而定，夏天砖瓦水吃几成，冬天又是多少，这些都是靠实践经验，是机械解决不了的。

熟悉我的人都知道，我是个喜欢琢磨、喜欢做事、不喜欢光说不干的人。我深信"酒香不怕巷子深"，把事做漂亮比把话说漂亮要好得多。

在工作中，我接触到越来越多的古建筑，积淀了更加丰富的古建园林知识。我逐渐认识到，一座保存完好的古建筑，既是研究某一阶段历史文化的重要实物资料，又是社会、文化变迁的历史见证。

随着改革开放的步伐加快，越来越多的新楼涌现。我为新时期喝彩的同时，也越来越深刻地感到徐州古建研究、保护、修缮工作的重要性和紧迫性。

2000年，我成立了文化古建园林公司，看到了城市建设很多乱象，不南不北、不伦不类的建筑到处都是，没有地方特色、没有文化内涵，粗制滥造，所以，我又成立了徐州正源古建筑园林研究所，后来又成立了徐州清源园林工程有限公司，取其正本清源之意，收了一帮徒弟，实践我的徐州民居传统营造技艺活化传承发展思路。

因为工作关系，我认识了更多的文化人，也参加越来越多的活动，渐渐和建筑大儒有了比较深入的接触，和越来越多的教授成了好朋友。在交流中，他们的肯定、赞扬、支持给了我很大的鼓舞和欣慰。在和建筑泰斗罗哲文老师的交往中，他告诉我建筑大师梁思成先生提出的"儒""匠"结合的思想，深深地触动了我，是啊，我是个优秀的工匠，我有丰富的经验，高超的营造技艺，不能人死技亡啊。但如何传承下去呢？必须把大师们儒学真知灼见和建筑匠人的技艺实践结合起来，把理论和实践联系起来，把文化和技艺融合起来，让"儒"指导、记录"匠"的实践；让"匠"印证、推动"儒"的成就和发展。

这些年我加快了全面培养古建传承队伍各工种的步伐。比如15年前我在苏州拙政园看到一支油漆队伍，活儿做得很好，我就邀请他们到徐州来，共同研究再现了徐州传统大漆的做法，按照地理环境和当代油漆的特点，做出传统工艺的效果。他们以此成为目前唯一一支懂得这一工艺的队伍。前年曲阜的古建园林公司邀请我们去做大漆工艺的示范指导，取得很好的效果。

还有一个是彩画的研究，也彰显了我们"匠""儒"结合的成果。本来我以为徐州没有自己的彩画，但是经过多年的调查，我在徐州及周边地区发现了四处古建筑彩画遗存：一处位于徐州市邳州的土山关帝庙，有碑刻记载是清代的建筑，我发现在它的西偏殿二架大梁上有彩画的遗存；徐州与安徽交界处林庄有个探花府，在那里发现有一处清代嘉庆年间的彩画遗存；在徐州市户部山崔家上院大客厅大梁上发现了第三处；在徐州市汉王镇渡江战役总前委遗址——郝家大院发现第四处彩画。

我请来故宫博物院的王仲杰大师、人民大会堂彩画设计大师蒋广全先生、故宫

清代道光年间邳州市土山关帝庙西偏殿彩画

图片来源：高晋祥摄

安徽宿州市建于清代嘉庆年间的林探花府大厅前廊彩画遗存

图片来源：高晋祥摄

徐州户部山建于清代中后期建筑崔焘故居上院梁下旧彩画残留痕迹

图片来源：高晋祥摄

复原的程子书院大讲堂翼角插栱和徐州彩画

图片来源：高晋祥摄

彩画专家杨红女士、我国著名古建专家马炳坚先生、中国矿业大学的常江教授、德国古建专家霍恩教授、中国古村落保护发展委员会的张安蒙秘书长和徐州当地的一些专家学者在徐州进行了实地考察论证，将其正式命名为有苏式文化元素的"徐州彩画"，徐州终于有了自己的彩画渊源，我非常激动。杨红处长和蒋广全老师更是称赞我是"徐州研究彩画第一人"。我也写了相关的论文，做了演讲，并持续地对周边地区彩画进行研究和应用。

我国以罗哲文、谢辰先生为首的50多位老专家们曾经在曲阜调研时发表过一个宣言，称"曲阜宣言"，提出修缮古建筑要遵循原形制不变、原结构不变、原工艺不变和原材料不变的"四原"原则。我们谈的修复，是要恢复到古建筑健康时的

建于清代晚期的渡江战役总前委旧址——
郝家大院客厅彩画遗存

图片来源：高晋祥摄

复原的徐州古民居客厅大梁彩画

图片来源：高晋祥摄

徐州民居前廊徐州彩画

图片来源：高晋祥摄

状态，做到最小干预，才叫恢复原状。

我非常赞赏这些原则，并在修缮过程中时时遵循这些原则。做余家大院修缮工作的时候，勾檐滴水、花边都是在我监督下按遗存老样加工的。砖是按照墙砖的规格要求手工做坯烧制的，当时对古建筑构件的每一个尺寸都进行了采集。我这个"匠"和当代建筑业的"儒"们一次又一次完成漂亮的无缝对接。

随着年龄的增长，我就越急切地想把技艺传承下去。2000年以后我开始往研究、设计、施工一体化的方向发展。目前我们已成为一支老中青相结合，集研究、设计、施工于一体的专业队伍。我让儿子也跟着我学做传统建筑，徐州很多传统建筑新建和古建筑修缮保护都是他设计的，包括汉文化景区的刘氏宗祠、王妃墓序厅、户部山李家大楼等。

2005年起，我们给徐州建筑职业技术学院（现江苏建筑职业技术学院）设计建造了教学实训室，内容十分充实丰富，十几年来已成为该校一大办学亮点。

我在社会大学讲课，不断宣传徐州民居营造技艺，2003年，经我的建议，当时的徐州建筑职业技术学院办了一个古建班，我教了前三年，培养了一批学生。现在已经办到第十六届了，每届约有40～50人。但是我也很失望，大多数学生不愿意动手，只想坐办公室、弄个职称。我们传承工艺必须要动手，只会说是没有用的，必须会干。这件事情对我有一定的打击，我只好把注意力转到工地一批中青年人身上，工地就是课堂，只要有机会我就结合工程施工教授技艺。

2015年东南大学博士、中国矿业大学副教授、建筑系主任张明皓，经中国矿业大学常江教授、张一兵教授等三位介绍，拜我为师。拜师时举行了隆重的拜师仪式。2016年在广州、深圳、东莞等地，我又收了李翠微和李培根两位作家为徒。

徐州一些古建筑是什么朝代，用了什么技艺，我都能说得清楚明白。前几年我被选入了徐州市文物专家库，让我参加一些文物古建筑鉴定指导工作。2013年5月，我成为人力资源和社会保障部举办的古建营造师职业技能培训班六个老师之一，全国

徐州户部山民国建筑
李家大楼

图片来源：高晋祥摄

户部山古民居崔焘故居上院

图片来源：高晋祥摄

江苏建筑职业技术学院实训室

图片来源：高晋祥摄

有120余人参加了这项培训考试。

以前，政府部门对古建关注不够，甚至不知道我们的存在。现在，著名古建专家马炳坚先生、东南大学朱光亚教授、中国矿业大学常江教授等很多专家都在积极推广我们，让我很感动。

但是古建传承只靠我们建筑业内自己的努力还是不够的，必须要有国家政策的扶持。我认为，城市的地方文化特色是非常重要的，这就需要规划专家和我们的合作。《城乡规划法》明确规定："要保持民族特色、地方特色和传统风貌"，这应该是地方规划设计的宗旨，否则生搬硬套，会闹出笑话。比如，马头墙是皖南的文化符号，因为皖南房子都是木结构的天井院，且互相联系紧密，为了防火防风，自然而然衍生了马头墙等形式。而徐州现在有些地方用钢筋混凝土大做马头墙造型，既不能防风又不能防火，成了多此一举的笑话，也不利于地方文化的传承。

此外，城市规划需要法律确定大的方向，指导具体的规划建设，不能今天变、明天变。政府要依法行政，城市规划也

孙统义在徐州市第一
中学给学生讲传统建
筑营造技艺

图片来源：高晋祥摄

要依法规划建设。此前，吴良镛院士和中国城市规划设计研究院原院长王静霞女士来徐州做规划的时候，我给吴先生写了一封信，提出了几处需要重点保护的古建筑，有护城石堤、回龙窝历史街区、户部山古民居、徐州道台衙门等7处。吴先生非常高兴，并回信说我提供的资料已被列入城市建设规划。像这样的事我一直尽力在做，积极主动参与保护行动。

徐州冬天比较寒冷，木材缺乏，建筑梁架和檩条普遍用料较小，但墙体比较厚，约有50～60厘米。黄河泛滥造成徐州地区缺少木材，缺少庄家秸秆烧制砖瓦，因此，采用因地制宜的方法，出现了大量的"里生外熟墙"和细小的墙内柱。同时，由于黄河水患，导致建在平原上的四合院很是稀少，应立即重视这些建筑的抢救和保护。现在还剩户部山地区局部一小片民居，最能体现徐州传统建筑特色，为了保护好它，我奔走呼号，跟踪研究、修缮，使它成为徐州美丽的建筑名片和明清建筑标本。

现如今，古建技艺传承人已经不多了，这是我最担心的。希望国家尽快出台相关政策，给予扶持。传统技艺要用人工，不能大量使用机械，按照江苏省的定额，做新建筑一天能有几百元的收入，但是做古建忙一天只能赚不足百元。据说现在全国人大会议上提出要将古建定额提高30%，事实上，30%也是不够的。

选择历史建筑或者历史街区保护工程施工队伍，不能光

| 孙统义向吴良镛院士反映在城市规划中应该保护的古建筑：清代乾隆年间的皇家工程——徐州护城石堤

图片来源：高晋祥摄

| 孙统义向吴良镛院士反映徐州城市建设中应该保护的重要文物：残破的李宗仁台儿庄战役指挥部——徐州道台衙门

图片来源：高晋祥摄

| 孙统义向吴良镛院士反映的徐州城市建设中应该重点保护的历史街区廻龙窝改造前照片

图片来源：高晋祥摄

| 孙统义向吴良镛院士反映徐州城市建设中应该重点保护的徐州户部山古民居

图片来源：高晋祥摄

看证书，要看这支队伍有没有传承人和老工匠。南京明孝陵的修复，我认为是失败的，世界文化遗产不应该做成这样！这支队伍从工艺做法上看得出是不懂传统工艺的。踏步原本应该是一个踏步一块石头，旧石头断了也可以用，他们却用新石头拼接，况且还不是一个产地的石头！还有剁斧工艺和砌砖技艺都太差，"一般"都算不上。皇帝陵墓是有规格的，修缮世界文化遗产哪能偷工减料呢！

还有做屋顶一定要选择好的季节，传统的做法要把灰泥按程序抹一遍又一遍，拍打、反复挤压，使灰泥变得密实，抹好后还要进行养护直到合格。

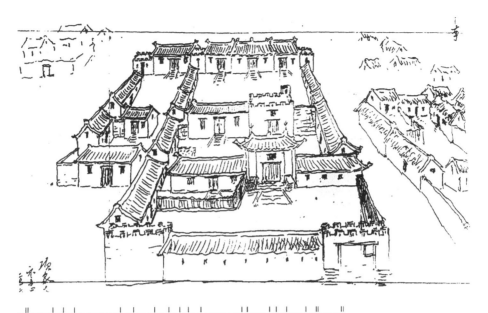

孙统义向有关部门
呼吁保护历史上为避
黄河水患和匪患仅存
的村寨遗存：黄河淤
积平原的车村项家大
院——项家后人的手
绘图

图片来源：高晋祥摄

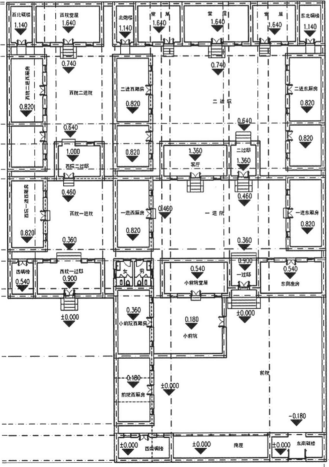

西北碉楼 1.140	西院堂屋 1.640	北炮楼 1.140	客卧 1.640	堂屋 1.640	眷屋 1.640	东北碉楼 1.140

传承人孙继鼎复原设
计的车村项家大院平
面图

图片来源：高晋祥摄

225

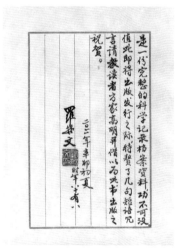

罗哲文先生为《崔焘故居上院修缮保护和环境整治工程报告》一书提写的序言

图片来源：高晋祥摄

徐州窑湾古镇修缮为什么有争论？第一，施工的队伍不是当地人，不懂当地的传统技艺；第二，施工周期太短。窑湾镇每个院子的布局都应该有不同的特点或者说一个院子一个内涵，每个院子的勾檐滴水、砖雕、木雕等建筑装饰都不应相同，每个图案都应该传达出主人对生活的期盼和向往。官衙和做绸缎的、卖红薯的各自有不同的社会地位和使用功能，房子院落怎么会一样呢？但现在窑湾所有的勾檐滴水、柱子建得几乎都是一样的，这不荒唐吗？有人问为什么你不去参加窑湾的修缮呢？其实他们邀请了我，但要求四个月就要竣工，四个月应该说连材料都备不齐！砖瓦、脊兽构件都要按原样复制，怎么可能做出来呢？明明路上的老石头是附近地方产的，为什么非要跑到山东沂蒙山区去买呢？这样做不仅造成了极大的浪费，也破坏了其他地方的古建筑。

修老院子的过程中，最重要的还是前期的论证和技艺的考察。要按照考古的模式，对建筑进行勘察，分析不同年代的维修情况，保留修得对的、好的，拆除修错了的、不良的添加。为了记录该工程施工全过程，罗哲文先生要求我们要出一本高水平的工程报告，我和我儿子孙继鼎编写的《崔焘故居上院修缮保护和环境整治工程报告》于2010年由中国科学出版社印刷完成。罗老为我的书提名、写序、评语，并给出了高度的评价。

成为一名优秀的匠人一定要不断学习，知错就改，不能觉得改了自己的东西就会有损自己的面子。这些传统建筑是要留给后人的，必须修成功了我才能心安。古建筑的修缮保护追求的是质量不是速度，必须复原得准确，就算一天砌一块砖一片瓦我都不嫌慢。如果甲方要求时间比较紧，我会尽力说服他们，尽量把古建筑考察准确，材料处理合乎要求。像故宫的惯例是木头需存放八年后再使用。我们一定要按照科学的发展观、科学的理论去对待古建修缮，不能只考虑速度随便做做。

目前，传统营造技艺的传承形势严峻：一是市场竞争太大，没有优惠政策；二是活源有时接不上；三是定额工资太低，学习周期又长，年轻人想及早地赚钱就干不了这个工作。因此，希望国家政策走向会对这个行业有所倾斜、保护。

另外，我希望政府可以支持我建设一个研发基地，培养一批专业人才，制作一些我们发明的专利产品进行市场销售。十年前，我在山东菏泽农村建了一个小砖窑，烧制我们自己的东西，但是因为环境问题那边要关闭了，所以我想再建一个这样的基地，烧制一些古建筑修缮保护必备的材料。通过建设一个基地，做一批产业，开发一些产品，做好一个市场，形成良性的经济运作模式，使得工资提高且稳定，留住我这批培养了二十多年的工匠团队。

此外，我在工作中会接触到一些专家大儒，来自故宫、国家文物局、国家文化遗产研究院、清华大学、东南大学、同济大学、中国矿业大学等，也有一些德国、日本、意大利、韩国等国家的专家学者来找我交流探讨古建筑修缮保护工作。一些研讨会我也十分喜欢参加，我想进一步开阔自己的眼界，学习更先进的思想理念，了解更新的信息，以提高传统建筑营造活化传承、创新发展的目标。

近期，住房城乡建设部下发了《住房城乡建设部村镇建设司关于开展中国传统建筑名匠推荐工作的通知》，我又再次看到了行业的新希望。

孙统义指点儿子、弟子们制作斗拱的要领

图片来源：高晋祥摄

孙统义给弟子——中国矿业大学副教授、建筑系主任张明皓，和他的研究生讲一麻五灰传统创新工艺

图片来源：高晋祥摄

孙统义指点木工做榫卯的关键技艺

图片来源：高晋祥摄

孙统义指点石工传统技艺要点

图片来源：高晋祥摄

孙统义弟子蒋世永已能熟练地掌握"里生外熟墙"的砌筑工艺

图片来源：高晋祥摄

孙统义给弟子和工匠定期开展古民居传统营造技艺培训班

图片来源：高晋祥摄

孙统义正在指点弟子捏制脊兽要点

图片来源：高晋祥摄

传统营造

不逾『矩』

范续全

图片来源：程恺摄

作者简介：

　　范续全，传统营造技艺市级代表性传承人，师从园林专家吴钊肇先生，现任扬州古典园林建设公司总工程师，副经理。

　　范续全先生代表作品有：扬州荷花池公园"砚池染翰"景点、瘦西湖公园南大门组群、茱萸湾公园鹿鸣苑、重九山房等。参与设计的德国斯图加特世界园林博览会"清音园"获金奖（1992年）；主持设计的第二届中国国际园林花卉博览会的"筱园秋韵"景点获最高奖一等奖（1997年）；泰国世界园艺博览会"中国唐园"获最高奖一等奖（2006年）；北京世界园艺博览会中国园林博物馆中的"片石山房"施工获优秀奖（2013年）。

1987年，我从学校毕业之后，被分配到扬州古建公司从事扬州古典建筑方面的工作。我学的专业是工业与民用建筑，所以一开始我对传统建筑的构件名称都不了解，完全是个"门外汉"。好在那个时候，扬州修复重建了大量的古典园林，正好给了我一个实践和锻炼的机会。刚工作的时候，我主要是在工地上进行竣工仿古建筑测量和绘制，逐渐对扬州的古建筑有所了解，后来一直从事传统建筑和古典园林的规划设计工作，也参与建设施工。

我从学校毕业参加工作之后，从工人师傅那学到很多东西。比如，我们公司有个已退休的瓦工师傅，瓦作技艺真的是一个绝活。施工上遇到难题的时候，他能一下子想到解决的办法。我们还有一个木工师傅张友发，外号叫"张翘角"，专门做翘角，这是他的绝活，扬州后来做的很多翘角受他的影响很大。我们单位还有一个假山工（名叫孙玉根），也是叠石的市级非遗传承人，他将叠假山的手法进行了改进。在原总工吴钊肇先生的指导下，堆叠扬州"卷石洞天"的假山。使用拱圈的方式，相比较传统山洞处理的叠石手法，有了极大的改进，使得我们山洞的跨度比以前做得更大，更加结实。我觉得这个结构很好，这也是他的一种绝活，从这个方面，他给我留下了很深刻的印象。

我个人认为，一个地方的传统营造技艺对周边地区是有

"卷石洞天"拱圈式湖石假山洞

图片来源：范续全提供

个园夏山条石梁式湖石假山洞

图片来源：范续全提供

一定影响力的。比如苏州建筑因其（苏州的）历史、经济和政治地位，对周边（地区）产生了较大的影响。无锡、杭州虽有自己的特色，但也有苏州建筑的影子，同苏州有相似之处，受苏州古建风格的影响较大。扬州周边受扬州传统建筑（营造技艺）的影响也是非常大的。比如安徽的天长，江苏的镇江、泰州，可能还包括东台等地，虽然也都有自己的特色，但受扬州建筑风格的影响较大，同扬州有很多相似之处。之所以说它们和扬州像，而不说扬州和它们像，是由扬州的历史和经济地位决定的，在清代，特别是康熙、乾隆年间，扬州处于鼎盛时期，对周边地区具有一定辐射作用，就像现在上海对我们的引领作用一样，上海最先建高层建筑，最先用玻璃幕墙，然后到我们这儿来，接着我们也做了玻璃幕墙，虽然我们有自己的特色，但根本是从上海学来的。

扬州古典园林的影响力，实事求是地讲，现阶段没有苏州影响力大。其实，扬州古典园林的特色是很鲜明的，总的来说就是南秀北雄兼具。与苏州园林相比，扬州园林在规划设计、单体建筑的形态和园林的造园手法等方面有很多不一样的地方。我认为有三个方面的差别比较明显：一是扬州的私家园林很讲究"风水"，强调主次。这个方面虽然苏州也有，但扬州比苏州更明显一点。比如，清代的时候，扬州人造园通常会在院子后面做一个"靠"，从风水上来说就是挡"北煞"。其实，现在看来就是因为扬州冬天吹西北风，通过这个"靠"挡住西北风。个园的抱山楼和何园船厅（北面）的贴壁假山都遵循这一风水习俗；二是空间布局方面，扬州园林讲究空间互通，分而不隔，这同苏州也有差别。一般情况下，苏州有些园子的空间相对比较封闭，以实现先抑后扬的效果；三是建筑特色和建造技艺，这方面的差异更明显。2014年，我们古建公司作为扬州传统园林（营造技艺）的传承保护单位，向国家申报非物质文化遗产，借这个契机，编了一本书叫《美在人间永不朽——扬州园林》，从非遗的角度来阐述扬州园林的（营造）技艺。这里面我总结了扬州园林建筑和苏州相比较约有十七八个不一样的地方，比如屋面、屋脊、瓦头、木料大小等都不一样。例如，扬州传统建筑木材用料较北方纤细，但较苏州粗壮；扬州传统建筑一般不油漆，而苏州会有苏式彩绘；扬州的檐口一般没有封檐板，而苏州有。

现在，我们重提传统营造技艺的传承，我觉得意义十分重大。传统营造技艺不仅仅是一种技艺，可以使我们的传统园林建筑形式得以保留和传承，更重要的是通过这种建筑形式，使得它所蕴含的传统文化得以保存，成为传统文化的载体。我们在申报国家级非物质文化遗产的过程中，深刻地认识到，传统园林技艺不仅仅是技术的问题，它融合艺术，蕴含民俗和文化。比如，扬州的瓦头，特别是勾头，它实际上就是男性生殖崇拜的图腾演化，这种图腾具有辟邪祈求平安的寓意，因为扬州多次经历战火，人们特别渴望平安，且扬州重商，而封建社会重农轻商，因此商人地位较低，更

| 扬州园林建筑没有封檐板 | 苏州园林建筑有封檐板 |
| 图片来源：范续全提供 | 图片来源：范续全提供 |

需要祈求平平安安。而苏州和北京的勾头则多为圆环状，俗称"棺材头"，因为苏州多为士大夫和文人隐逸之地，这些文人虽郁郁不得志，但内心依然期盼能够升官发财。除了这些民俗，古典园林建筑中还蕴含了很多文化内涵，比如翘角的燕尾椽，一边都是逢单，两边合起来就是逢双，以此体现传统文化中"阴中有阳，阳中有阴""阴阳调和"的理念。

我个人认为，提升我们国家建筑设计水平的关键在于汲取传统文化的精髓。我们的传统文化当中，既有封建的糟粕，也有精华部分，我们要取其精华，去其糟粕。比如"天人合一"这种思想我们就应该要继承。同时，传统文化中的一些对环境等的认识和理解，要更多地进行挖掘、整理，并加以借鉴和运用。我并不排斥现代的东西，但我觉得应该要从传统文化中汲取一些营养，对我们现代建筑的方案进行优化。比如可以借鉴传统的风水理念和其他传统文化的精髓，对我们现代建筑的设计建造进行优化。

对于传统技艺的当代应用，我的理解不是让传统技艺融入现代的建筑中，而是传统营造技艺要吸收现代设计的新理念。比如，1996年我独立设计的扬州荷花池公园中的湖心岛，景点名叫"砚池染翰"，在设计这个景点的时候，我就想将现代功能与传统建筑形式相融合，将现代的新理念与传统技艺相融合。所以，我设计了沿湖平台和亭子，让游客可以在赏

| 扬州如意形勾头

图片来源：范续全提供

| 苏州圆环状勾头

图片来源：范续全提供

景的时候品茗休憩。平台的主体建筑采用了传统的建筑形式，依然是青砖、小瓦、木结构，但是，平台用了现代的钢筋混凝土结构。

传统建筑营造技艺独具风格，应在保留独特性的同时，融合吸收一些现代的理念，比如与新型材料相融合，与新做法、新工艺融合等。我们在设计与施工过程中，已经做了这方面的尝试和实践。比如，现代建筑的基础全部由混凝土或砖砌筑，解决了过去传统建筑基础不均衡沉降的问题。比如，现在的盖瓦下面用（水泥）钢丝网以增加防水性能。这些都是隐蔽工程，从外观上看起来依然是传统建筑风格，但是通过融合现代建筑体系中的一些技术、材料，使得建筑的性能增强了。所以，我认为应当保持传统建筑艺术和技艺的特色，同时，吸收一些现代的东西为我所用。

有的专家认为，现在人工智能也特别发达，以前木雕是由老工匠手工雕琢，现在可以采用智能化和机器学习绘制等方式代替。构件是不是也能采用批量化的生产来提高效率，弥补这些后面传人比较少的不足，我很同意这个观点。不断进步的设备和加工手段并不是把加工的东西就变成另外一样东西，而是为我所用，只要最终达到同样的目标效果就可以。比如说，我们做房子梁柱，以前是用斧头砍，把木材砍到大致圆以后，再用手工刨，把它刨圆。现在是用大型车床把这个木材车出

扬州翘角的燕尾椽

图片来源：范续全提供

来，这只是使用工具的改变，最终目标没有改变。

现在有些专家说在历史建筑和历史文化街区的保护中，必须明确要使用当地的传统技艺。我觉得不仅可行，而且非常重要。这是我们中国保持各地建筑多样性的一种基础，不能"千城一面"。过去的传统建筑受当地的地方文化、经济发展的影响很重，自然而然形成一种建筑特色。现在的招投标方式，使得市场放开，外地的一些企业通过招投标的方式进入了当地，对保持当地建筑的特色会带来非常大的影响，很容易造成

扬州荷花池公园"砚池染翰"景点

图片来源：范续全提供

当地建筑的特色遭到破坏，变成"四不像"。这个绝对不是一种地方保护主义的思想。每个地方都有自然而然形成的一种地域特色，从我们专业人员来看，这种地域特色是非常重要的。我也想进入苏州古建市场，但我们做出来的东西一看就是扬州的，就把当地原来的建筑特色搞乱了。所以，在做历史街区或者古建筑修复项目的时候，一定要慎重用人，或者说需要对当地的建筑和特色进行很好的把握和论证之后再施工，有助于保持当地建筑的原真性、地域性。

我个人认为历史建筑的保护和修复一定要按照国家的文物保护法，采取修旧如旧的方式来操作。对于新建的仿古建筑，隐蔽的部分可以做一些改进。换句话说，就是隐蔽工程可以用一些现代技艺来替代，直观的部分，如构件和形式，还是要原汁原味做出来。

现在我们搞历史建筑修复存在一个问题，就是没有办法再找到当时一模一样的原材料了。因为一些原材料的生产确实会造成城市污染和土壤破坏等方面的环境影响，特别是窑制品，比如砖、瓦等，现在政府已禁止生产了。我想做一个呼吁，希望政府能不能为传统材料的生产放一个口子，比如可以采用特许经营的方式，小批量的生产专门用作文物保护和历史建筑修复，这样才能把历史建筑特色保留下去。

历史建筑修复过程中的每个环节都很重要。设计环节很重要，它是建筑修复的基础。在古建筑修缮的过程中，第一步是对原建筑进行手绘测量，保证数据可以绘制成图。第二步是对重要的节点、视频档案或者图片档案进行拍摄。在测量绘制的过程中，还要考证建筑的原真性。因为一些建筑一般 30～50 年，要进行维修，那么就可能存在一些维修不到位或错误的地方，我们在修复的过程中要还原它的原真性。第三步是对造成古建筑造型、墙体毁损或者歪斜的原因进行分析，并形成记录档案。所以，修复设计其实是对传统建造技术进行论证，对原建筑的资料档案建立和保存的一种手段。

当然，施工也是非常关键的，施工是实现设计目标的过程。如果设计出来，施工不出来，或者没有严格按照设计的要求去做，那就达不到设计的效果。比如构件的材料和加工，有的构件损坏了，需要定制，它的大小、形状、材质，一定要保证原真性。材料就更重要了，能有原来一样的最好。2012 年，在维修五亭桥的时候，好多瓦损坏了，我们专门去苏州按照原来的色彩、大小、厚度进行定制，修缮后看不出来它和过去的区别。工匠的技术水平也很重要。因为只有通过工匠的技艺才能把古建还原出来。不论是局部维修还是大修，都需要工匠一砖一瓦做出来。

现在传统工匠青黄不接的问题很严重。据我了解，扬州从事古建筑工作的木工、瓦工，一般都在 50 岁以上，几乎没有 45 岁以下的工人，传统古建筑的修复主要就是靠这一帮人来实现，这让我十分忧虑。我是搞设计的，但是具体操作要靠他们来完成，所以这些匠人非常非常重要。

造成传统工匠青黄不接的根本原因，我觉得有很多方面。首先，现在的社会风气要改进，要破除"万般皆下品，唯有读书高"的思想，破除"传统工匠低人一等、坐办公室高人一等"的思想，这种社会氛围和文化环境要彻底改变，使喜欢传统技术的人不会因为受社会歧视的影响而不愿做这个事情。工作本身就很辛苦，再加上受到歧视，就更没有人愿意从事这个工作了。

其次，我认为待遇和社会保障要提高，传统工匠应有较好的待遇，通过较大程度提高他们的工资待遇和社会保障来吸引更多的年轻人从事这样的工作。

再次，相关人才培养体系要进一步改进，最好将现代职业技术培训和传统的师带徒有机结合起来。我认为怎么刨、怎么锯，怎么做榫卯，这是纯技术性的东西，完全可以在学校培养出来。我太太在一个机械部门工作，他们招收了很多技校的学生，这些学生从学校出来，专门学习这个基本技术，本身就知道怎么使用车床，很快可以操作。同样，我们能不能用技校的培训方式，使他们能够快速上手操作，知道怎么盖瓦、怎么砌墙这些纯技术的东西。再通过师带徒，让师傅将民族的、传统特色的东西传给他们。

我刚才讲的，传统古建筑有非常民俗的、传统文化的东西在里面。我刚工作的时候，同一些木工、瓦工师傅在工地上，这些老师傅看到一些瓦工做得不好，就会立刻纠正他们，说这样做东西太不上规矩。规矩是什么？规矩一是技术方面的规矩，二是含有民俗和传统文化的东西在里面。我记忆最深的是一个水榭亭子，铺阶沿石是从一边铺到另一边，铺到中轴线的时候正好有一条拼接缝，当时的师傅就发现问题了，坚决要求改正，扒掉重来，要求把一整块的石头放在中轴线上。事实上，这就是民俗，老话讲，这条缝就相当于一支箭，是不吉利的。还比如，做厅堂的时候，一般中轴线对着一块整石头，里面的方砖也是一个整的。比如踏步的第一踏和最后一踏的中轴线也是一个整石头，中间的踏步可以剖缝，有种说法是，中轴上有条线就会财气外漏。培养年轻人时，一定要和老师傅学学这些所谓的规矩，及其中蕴含着的传统文化、民俗文化。现在的传统建筑包括新建的，不仅仅是技艺，更是一个文化的载体。我们通过建造这些东西，把这种信息慢慢传递下去、传承下去，否则就没有任何意义了。

最后，在定额的计算方面要进行改进。比如，我们园林中的假山，现在是由吨位来计算价格的。假山是很有艺术性的东西，它的价值不仅仅是体量、技术所能衡量的，需要一定的时间来构思，如何在众多的原材料，在乱石堆中，选一块石头放在最能表现它韵味和特色的地方。同时，假山中如何去布局景观植物，也需要构思植物品种、摆放的位置等，这些都需要花时间。而现在假山的堆叠价格是由吨位来计算的，也就意味着一个月堆完和三个月堆完是拿同样的钱，这就导致工匠倾向马马虎虎堆掉，就可以去做下一个工程了。因此，需要我们研究如何平衡和改进工程的造价。另一方面，古建筑定额相对高，就造成大量没有经验的工程队涌入这个行业，导致鱼龙混杂。所以，一定要改进我们的招投标方式，避免没有能力、不懂行的人来做专业的事情，避免滥竽充数，保证真正有水平的人从事这个工作，并能够有一定的经济收入。

我认为，可以采用"认人不认庙"的办法。像过去我们做园林，往往注重名家，慕名而来。认的是你这个人，要找真正会做、能做好的人，而不是认"庙"，我觉得这是个好方法。

关于政府推动传统营造的传承工作中，我提一些建议：一方面，从传承人的培养方面来看，我们可以从传统建筑方面做一些研究工作。比如说我们首先要传承，要在技术、艺术、民俗和文化的层面进行深入的挖掘、整理、收集、归类，形成一种具有示范性的、规范性的成果，指导当地的传统古建筑园林工作，使他们做出来的东西，不会不伦不类。政府可以牵头一些专家、学者、工人师傅共同来进行一些梳理、指导。就扬州而言，我个人认为传统建筑可以分为官式建筑和民式建筑，这里面还有等级的分别。比如，民居中最高等级的是会馆，其次是民宅，再次是园林建筑，最后是商业建筑。商业建筑和民居有什么区别呢？最主要的一个区别就是不做辅檐。第二个，垛头是用整砖砌出来的，以此体现这种传统建筑的等级。官式建筑也存在等级，比如，扬州的县衙，是县级的。我们把等级这个东西整理之后，对后人继承和传承非常重要，我认为需要由政府来主持和引导，民间或者企业很难做到，很难组织方方面面的人才投入到这项工作。

另一方面，就是加快新技术新工艺的应用。因为我们处在一个新的时代，能不能在保持古建筑外形样式的基础上，做一些尝试性的替代工作，留下我们时代的烙印，这是一种探讨。比如，古建筑的柱子容易腐朽，主体构架能不能采用耐久性和承载力更强的钢铁技术。还有，传统的瓦是用黏土烧制的，能不能研究出一种新的材料，它的质感、形状就同我们过去的瓦一样，但是它在强度、耐久性、抗冻性等方面更强，能不能作为一种新的尝试。我觉得需要进行这些方面的研究、探讨等。通过新的工艺、新的材料、新的施工方法的应用，也会使传统工匠的技术得到提高。

"材""艺"并重话传承

孙春宝

图片来源：程恺摄

作者简介：

　　孙春宝，传统营造技艺市级代表性传承人，现任扬州古典园林建设有限公司项目经理，助理工程师。

　　孙春宝先生先后主持的泰国"中国唐园"获 2006 年泰国世界园艺博览会 A1 类室外国际展园一等奖，瘦西湖"二十四桥景区"获扬州市区"十佳建筑"奖。先后主持万花园二期文保区建设、北门遗址公园建设、漕河风光带工程、五台山水景广场工程、宋夹城湿地公园、古运河（北至大王庙南至宝塔湾）沿河边景观绿化建设工程、通江门建设工程，以及卢氏盐商住宅及后花园、个园"透风漏月""风音洞"、何园"何家祠堂"、胡笔江故居、扬州老麦粉厂（便益门）、双东历史文化古街修缮改造、瘦西湖熙春台等修缮保护工程。

我 1975 年参加工作，1982 年调到扬州古典园林建设公司。起初主要是从事材料采购和管理方面的工作，并不是专门从事园林园艺的匠人。后来自己慢慢地对园林技艺越来越有兴趣，就一步一步地跟着老师傅、老匠人边干边学，对古建的样式、风格，包括各种建筑材料、工艺、做法都逐渐开始有了认识和了解。

我认为，传统建筑建造方式的地区差异是很明显的，从建筑外形上就能明显区分出来。总的来说，扬州的建筑兼具江南之秀和北方之雄。扬州的传统营造技艺和江南地区是有区别的，但是和镇江做法基本一致。首先，在亭、榭、厅屋脊的翘角做法上，扬州的燕尾椽都是整根木材做的，略有一点翘角，

| 苏州做法

图片来源: 孙春宝提供

| 扬州做法

图片来源: 孙春宝提供

| 扬州廊高度尺寸比例

图片来源: 孙春宝提供

| 苏州廊高度尺寸比例

图片来源: 孙春宝提供

241

扬州老麦粉厂

图片来源：孙春宝提供

末端呈斜切椭圆形，并在翘角上安装梢铁，显得更为精巧。而江南的燕尾椽末端是圆形的，翘角没有梢铁。此外，苏南廊檐口，同扬州廊檐口也存在略微的差异，扬州的廊檐口高度在2.6～2.8米，而江南的基本都在3～3.2米。因此，江南的廊一般会比扬州的显得高瘦一些。所以说，懂行的人一看就知道这个建筑是出自江南还是江北，做法、工匠手法、施工工艺上都有差别。

在扬州我先后参与了不少传统扬州园林和古建的修复工程，包括扬州老麦粉厂、扬州最大的古宅——卢氏盐商古宅等。在这些修复工程中，我和老工匠们、老师傅们学了很多传统园林的营造技艺。印象最深的是2001年，我参与了扬州老麦粉厂的修复工程。麦粉厂建筑是砖木结构，原建于1931年，是扬州市区近现代工业代表性建筑之一，现为扬州工业博物馆。

老建筑要"修旧如故"，讲起来简单，但做起来真的难。我们修复的时候发现，这个建筑所用的青砖和常用的规格不一样。随后文物局的同志帮我们到老城区的老房子上面去找，真的找到规格一模一样的砖，并且连上面的腻子、表皮都是一样的，我们感到很欣喜。在这之后，遇到其他类似项目工程修复的时候，也延续了这个方法去收集材料。接下来到砌筑的时候，又出现了一些新的问题，以前的粘结剂与现在的不一样，现在的粘结剂导致青砖在砌筑的时候吐碱很严重，形成的灰缝和以前的不一样。我们通过反复试验，将胶、灰、膏以及其他材料按一定比例混合，发酵半个月以后，再拌砂泥。为了让砌缝的颜色和以前的一样，还专门用传统的黑烟来调颜色。这种黑烟调色是我们当地的传统做法，很考究，具体的做法为，用传统染色剂做分染，每样东西染色的时间都要相隔七天左右，最终做出来的粘结剂、颜色、性能都很好，文物局的领导、专家也很满意。

有了上述的修复经验之后，接下来我又参与修复了扬州的卢氏古宅，卢氏古宅是清代光绪年间扬州大盐商卢绍绪的私家宅院。在修复过程中我们不但采用了传统的建造方法，用料也力求和历史上的一致。这个宅子里的建筑都是木结构，包括后花园也全部用的是老杉木，值得一提的是，这里的老杉木不是安徽和福建产的杉木，而是贵州杉木，这种杉木坚固耐用，质量非常好，可以保存很长时间，木材锯下来味道很香，木纹

| 卢氏古宅项目现场
图片来源：孙春宝提供

也好看。这种老料前几年还能找到，现在已经很难找了。以后再想做类似的项目就费劲了。不过，好在现在新材料也多了，可以作为替代。我觉得，重要的是工匠用心去做，大部分还是能达到"修旧如故"的效果。就像上面提到的墙体灰缝，直接用现代的材料，看上去就太新，失去了建筑的历史沧桑感，但我们可以通过后期处理达到沧桑的效果，而且在性能上可能还会提高。例如，过去的粘结剂是采用腻子和灰来调，现在我们在里面增加一点胶，粘结性会更耐久更牢固，再把颜色处理一下，就和原来的墙体颜色一致。所以说，建筑选材需考究，通过合理工艺，严把技术关，充分发挥工匠精神，完全可以做到"修旧如故"。

在古建筑修复这个方面，古建筑材料的供给是目前的一个难题。由于国家对环境保护加大力度，传统的建材生产受到限制。比如，现在很多地方都不允许烧砖瓦了，扬州基本没有砖瓦厂了。我们便开始到山西太原找材料，这个成本就加大了。我们也尝试不用煤烧，用气烧，但是现在气烧的和过去煤烧的在色彩上还是有差距，颜色往往会比较淡。所以，我个人觉得在古建修复这方面，总要有一个加工点，哪怕是在比较偏僻的地方，或者用新能源新工艺改良，也不能让传统材料生产就这么彻底地消失。

传统街区和历史建筑的修复要做到"修旧如故"，需要设计师和工匠的密切配合。应该说设计是前提，木匠要根据设计图纸去做，在做的过程中发现不足之处，再去弥补，有的甚至会锦上添花。工匠们在施工过程中发现问题时，及时和设计沟通，通过集体共同协商、调整、解决问题。在这个过程中，我也发现很多工匠的智慧很了不得，特别是一些老师傅，把他们喊来，要做什么大概一讲，他们马上就明白，工匠怎么做房子修出来不会倒、不会坏，节能保温的新材料怎么用，材料能承受的最大极限是多少，都很有经验，并且他们在施工的过程中会不断地钻研、总结、改进。如：工匠们通过多次的改良，将传统的木门进行了优化，把门的两边要做成带圆弧的，让它自然"咬住"，当门关起来之后没有缝，这就是工匠的智慧。

我搞古建园林几十年了，有很多老匠人让我印象深刻。很多人现在还经常跟我打交道，但是，他们都年纪大了，感到心有余而力不足。有一个叫卞正安的雕匠，最初是在农村做木工出身，后来既能做木工又能做雕匠，现在他把手艺传给了他儿子。他手绘鸟瞰图很快，我们只要讲一个地方怎么弄，有多大面积，只要大概构思一说出来，他就能把图画出来，画出来以后给大家再进行讨论修改。但是，这个人不懂电脑，现在他都是先自己手绘，再把图给他的孙子用电脑绘制出来，现在他们一家三代人都做这行，一年也能做几百万的产值。现在扬州的雕匠、木匠、瓦匠很多都是父辈传下来的，找徒弟很难，年轻人怕苦不肯学。我觉得传统营造技艺面临的最主要的问题还是缺人才，最缺少的是年轻人，像我这个年纪的还有一点，二三十岁的几乎没有人愿意拜师学瓦匠木匠。

我现在已经退休了，哪边有需要我就去帮帮忙，帮他们出出主意，主要是材料或者某些技术方面，建议他们用哪些材料或技术处理方法。我很愿意和对方讲，教他们为什么要这样做，为什么路要这样铺，喜欢剖析给他们听，只要对他们有所帮助，我就很欣慰。在古典园林建设公司从事古建筑工程保护修缮的这些年里，我收了些徒弟，他们分别是华春宏（从事古建筑项目管理）、苗有国（古建筑瓦匠）、谈振林（古建筑木匠）、张荣伟（从事古建筑施工管理）等，还有一些古建筑的爱好者们。搞古典建筑园林是一种个人爱好，只要他们肯学习，我就把我知道的营造技艺毫无保留地传承给他们。

随着时代的进步，机械化取代了手工操作，有些工匠的工作一旦使用机械化来替代，他的价值就会变得很低。如：过去木工做古建筑的大架子，现在变成了机械化制造，造价就会降低很多。但是，大架子只要动了机械以后，就和人工做的不同，特别是古建筑。因为木材采用机械车完之后就没有雄势了，这样无法直接用于古建筑的施工，必须经过人工二次加工改进才可使用。因为成本的原因，工匠都不愿意做大架子，而是采用混凝土来替代，解决大梁的承重问题。

要传承传统技艺，工价也是个大问题。现在定的工价，按照传统的做法，确实太低，根本无法满足人工成本问题。像现在很多门窗用的雕花格，机器一天能雕一平米，一个人工手工一天只能雕0.3平方米，工匠和机器效率没办法比。目前，扬州、江都门窗机器普通雕刻一平米只要300元，我们一个工人一天的工价就是两百多，三天才能雕刻一平米，价格上没有竞争力。机械雕件只能说外表有点类似，具体细节和人工雕件没有可比性，人工能将图案雕刻得活灵活现，机器雕刻得很古板。从我的角度看，虽然机器做的和手工的看上去像，但图案不传神，味道没了。传承技艺要按传统去做，对应的工钱要与传统技艺相匹配，否则以后不会有人再按传统的方法做。如果长时间没人按传统的方法做了，最后面临的就是失传。如：过去的门窗，窗体都有尖角，都是用铲刀铲出来的，用锯子锯好以后，人工进行修饰。而现在机械的都不要角了，用胶一粘，这些工艺在细节上的差异还是很大的。久而久之，伴随的是传统技艺的流逝。

现在扬州的学校开办了景观园艺专业，但是还没有瓦、木、雕工这些专业。我觉得学校里可以增加这些课程。比如叠假山技艺，现在学生只知道垒多高，但他不知道怎么连接。就像我上述讲的那些构架，以前古建筑都是用榫卯连接，现在就只会用胶，用钉子，不行就加固。实际上，这些传统的技术才是古建筑施工的精髓，要在学生的学习培训中增加进去。现在这个行业还存在着"只知其名而不知其意"现象，再比如很多设计院出图都注明参照传统做法，而实际却不知道具体传统做法如何做。施工队懂得话还好，不懂的话就用胶什么的随意做了，然后用油漆一刷，看上去表面差不多，其实差别很大。所以学校要加强工匠技艺类的教学。

在促进传统技艺传承方面，我觉得相关部门需要重视几个方面：一是技艺传承要从学生开始着手，学生乐意学，我相信我们这些老一辈的匠人也愿意帮他们，我就可以免费指导，教他们怎么做；二是可以多开一些免费的培训班，特别是地方传统做法的教学；三是进一步完善招投标制度，希望政府能够起到引导作用，不要仅仅用招投标价格、资质来决定项目给谁承接，也要考虑到那些虽然没资质但是有真本事真技术的工作团队或个人。